ECOLOGICAL ENVIRONMENT

生态环境产教融合系列教材

环境生态工程案例库

主　编　袁中勋　刘园园

副主编　丁世敏　况小梅　周　超

编　委　李武斌　余先怀　任　杰

　　　　邱金银　胡　斐　杨　波

　　　　辛培常　车　娟　冷　利

　　　　邓文君　彭家胜

中国科学技术大学出版社

内 容 简 介

本教材精心挑选了 4 个具有代表性的生态工程修复案例,涵盖湿地治理、矿山修复、土地整治、水体污染修复等领域,分别为某湖泊国家湿地公园修复案例、某矿山公园修复案例、某土地综合修复案例、某水环境生态修复案例。通过深入分析这些案例的实施背景、实施过程、建设原则、工程目标和成效,可以更加直观地感受到生态修复工作的复杂性和艰巨性,激发读者的环保意识和创新思维,为未来的环境保护工作提供新的思路和方向。

图书在版编目(CIP)数据

环境生态工程案例库 / 袁中勋,刘园园主编. -- 合肥 : 中国科学技术大学出版社, 2025.2. -- ISBN 978-7-312-06187-5

Ⅰ. X171

中国国家版本馆 CIP 数据核字第 2024ZF1031 号

环境生态工程案例库

HUANJING SHENGTAI GONGCHENG ANLI KU

出版	中国科学技术大学出版社
	安徽省合肥市金寨路 96 号,230026
	http://press.ustc.edu.cn
	https://zgkxjsdxcbs.tmall.com
印刷	安徽省瑞隆印务有限公司
发行	中国科学技术大学出版社
开本	787 mm×1092 mm 1/16
印张	8.5
字数	212 千
版次	2025 年 2 月第 1 版
印次	2025 年 2 月第 1 次印刷
定价	36.00 元

前　言

在自然界中,人类文明的每一次进步都伴随着与自然的深刻对话与互动。从远古时期的狩猎采集到现代社会的工业化进程,人类活动对环境的影响日益显著,既创造了前所未有的物质文明,也留下了不容忽视的生态足迹。面对资源枯竭、环境污染、生态退化等全球性挑战,如何平衡发展与保护的关系,实现人与自然的和谐共生,成为摆在我们面前的时代课题。本书正是在这样的背景下编写而成的。它不仅仅是一本书,更是对环境生态修复实践的一次系统梳理与深刻反思。作为一本教材,本书希望通过丰富的案例分析、科学的理论阐述和前瞻性的思考,为广大学生、环境保护从业者以及关注生态文明的各界人士提供一份宝贵的学习资源,以共同探索环境保护与生态修复的新路径。

本书精心挑选了4个具有代表性的生态工程修复案例,涵盖湿地治理、矿山修复、土地整治、水体污染修复等领域,分别为某湖泊国家湿地公园修复案例、某矿山公园修复案例、某土地综合修复案例、某水环境生态修复案例。通过深入分析这些案例的实施背景、实施过程、建设原则、工程目标和成效,可以更加直观地感受到生态修复工作的复杂性和艰巨性,激发读者的环保意识和创新思维,为未来的环境保护工作提供新的思路和方向。在每个案例之后,都附有相关的政策文件、技术规范和操作指南等实用资料,为读者提供可操作的实践指导和参考依据,也能使读者更加深刻地认识到生态修复对于经济社会可持续发展的重要意义。

环境生态工程是一项复杂的系统工程,涉及生态学、环境科学、地理学、工程学等多个学科领域。在本书中,我们既注重理论阐述的系统性和科学性,又注重实践操作的可行性和有效性。通过理论与实践的紧密结合,力求使读者在掌握生态修复基本原理的同时,也能掌握一定的实践技能和方法。

随着生态文明建设的不断深入和环境保护意识的不断提高,生态修复工作将面临更加广阔的发展空间和更加艰巨的任务挑战。我们期待本书能够成为推动环境生态修复事业发展的力量之一,为培养更多具有环保意识和创新能力的专业人才贡献一份力量。我们也期待广大读者能够积极参与到环境保护和生态修复的行动中来,用实际行动践行绿色发展理念,共同守护我们的美丽家园,让我们携手努力,为建设一个天蓝、地绿、水清的美好世界而不懈奋斗!

在本书的编写过程中,参考和引用了多位专家、学者的研究成果,在此表示衷心的感谢,感谢参与编写的科研院所和企业给予的支持,感谢中国科学技术大学出版社积极推进本书的出版工作。由于编者水平有限,书中难免存在错漏和不足之处,敬请各位专家、同行和广大读者批评指正。

编 者

2024 年 10 月

目　　录

前言 ……………………………………………………………………………………… （ⅰ）

案例1　某湖泊国家湿地公园修复案例 …………………………………… （001）

　1.1　案例背景 ……………………………………………………………… （001）

　1.2　研究区概况 …………………………………………………………… （003）

　1.3　工程目标 ……………………………………………………………… （004）

　1.4　建设原则 ……………………………………………………………… （004）

　1.5　湿地生态修复工程措施 ……………………………………………… （005）

　1.6　效益分析 ……………………………………………………………… （016）

　1.7　拓展阅读 ……………………………………………………………… （018）

　1.8　参考标准和规范 ……………………………………………………… （026）

案例2　某矿山公园修复案例 …………………………………………… （028）

　2.1　案例背景 ……………………………………………………………… （028）

　2.2　研究区概况 …………………………………………………………… （029）

　2.3　工程目标 ……………………………………………………………… （032）

　2.4　建设原则 ……………………………………………………………… （033）

　2.5　矿山公园修复措施 …………………………………………………… （034）

　2.6　效益分析 ……………………………………………………………… （058）

　2.7　扩展阅读 ……………………………………………………………… （060）

　2.8　参考标准和规范 ……………………………………………………… （063）

案例3　某土地综合修复案例 …………………………………………… （065）

　3.1　案例背景 ……………………………………………………………… （065）

　3.2　研究区概况 …………………………………………………………… （065）

　3.3　工程目标 ……………………………………………………………… （070）

　3.4　建设原则 ……………………………………………………………… （070）

　3.5　土地综合修复措施 …………………………………………………… （071）

　3.6　效益分析 ……………………………………………………………… （095）

　3.7　拓展阅读 ……………………………………………………………… （096）

　3.8　参考标准和规范 ……………………………………………………… （099）

案例 4　某水环境生态修复案例 ··· (100)

4.1　案例背景 ·· (100)

4.2　研究区概况 ··· (100)

4.3　工程目标 ·· (102)

4.4　建设原则 ·· (103)

4.5　水环境修复措施 ··· (103)

4.6　效益分析 ·· (125)

4.7　拓展阅读 ·· (125)

4.8　参考标准和规范 ··· (129)

案例 1　某湖泊国家湿地公园修复案例

1.1　案　例　背　景

1.1.1　项目由来

该地区属直辖市辖区,地处川东平行岭谷区,幅员面积为 1892 km²,呈现"三山五岭,两槽一坝,丘陵起伏,六水外流"的自然景观,形成山、丘、坝兼有而以山区为主的特殊地貌。该地地处长江干流与嘉陵江支流渠河的分水岭上,地势高于四周,为长江一级支流龙溪河以及黄金河、汝溪河、普里河等发源地,过境内客水量极少,多座人工湖泊(水库)、几十万亩稻田湿地和若干沟、塘、渠、堰、井、泉、溪等小微湿地单元构成了独有的丘区乡村湿地体系,是川渝重要的生态廊道。

该湿地公园属淡水湖泊,是以农业灌溉、水产养殖为主的小型水库,湖水主要来源于上游的 3 条河流,建于 1951 年。流域正常水位库容量达 7×10^6 m³,水域面积约为 173 hm²,平均深度为 4 m,最大深度为 6 m。20 世纪 80 年代至 90 年代末,由于大力发展传统农业、渔业、矿业、造纸业和城镇小工业,生活污水、工业排放、农业面源、畜禽养殖等成为主要污染源,各类点源和面源污染叠加,致使生态环境恶化(表 1.1)。主要存在的问题:一是湿地保护体系不完善。受城市建设影响以及农村耕种、养殖等人类活动的干扰,湿地健康状态受到不同程度的损害,湿地保护体系未形成,湿地保护率仍处在较低水平,离全域湿地建设目标还存在较大差距。二是河岸、河道硬化,湿地功能退化。由于城乡建设、工业发展、道路建设等导致湿地空间被挤占或填埋,部分河道仍为"三面光",河道硬化,河岸无植被覆盖,湿地面积萎缩、湿地功能退化。三是外来物种入侵,生物多样性降低。湿地受凤眼莲、喜旱莲子草、粉绿狐尾藻、福寿螺等外来物种的入侵,导致生物多样性的降低,严重威胁湿地生态系统健康。四是湿地水资源遭到破坏。20 世纪末盛行网箱养殖和肥水集约化养殖经营,为促进经济发展水产养殖户们在湖区大量投入化肥及有机肥,伴随日益增加的上游生活污水,致使湖泊水质恶化达到劣Ⅳ类(图 1.1)。

该地政府意识到只有绿色发展才能带来经济发展,必须走生态优先之路,让湖泊重生,还绿于城,还湖于民。2003 年,启动保护与开发,编制了《某湖泊旅游开发区规划方案》,根据该地区景区环境自然质朴、田园风情浓郁等特点,设计了特色生态度假娱乐设施,将本地生态保护提上议事日程。2008 年,该地政府果断取缔水库肥水养鱼,开始进行湖周环境清理与打造,加快提档升级湿地公园景区的步伐。2015 年 12 月 31 日,原国家林业局下达《国家林业局关于同意河北张北黄盖淖等137处湿地开展国家湿地公园试点工作的通知》,该区域名列其中,成为国家湿地公园建设试点湖泊之一。该地政府以此为契机,下定决心,坚持"全面保护、科学修复、合理利用、持续发展"理念,结合湿地保护与湿地可持续利用,全力打造全区生态休闲中心、某区文化教育基地和城市的重要旅游名片,让该湖泊彻底获得新生。如今的某湖泊湿地公园,总面积达 349.97 hm²,湿地面积为 190.76 hm²,湿地率达到 54.51%,获评 2021 年"某直辖市美丽河湖""某直辖市最美生态打卡地",入选某直辖市首届生态保护修复十大优秀案例。

图 1.1 环境治理前的某湿地公园

表 1.1 该湖泊入河湖污染负荷一览表

污染类型	COD_Cr		氨氮		TP	
	入河湖量(t/a)	比例	入河湖量(t/a)	比例	入河湖量(t/a)	比例
城镇生活污水	356.34	42.6%	46.44	65.3%	5.75	51.5%
城镇生活垃圾	40.72	4.9%	0.24	0.3%	0.16	1.4%
农村生活污水	27.72	3.3%	2.60	3.7%	0.30	2.7%
农村生活垃圾	5.09	0.6%	0.03	0.0%	0.02	0.2%
工业污染	191.71	22.9%	10.55	14.8%	1.07	9.6%
畜禽养殖	62.28	7.5%	5.02	7.1%	0.70	6.3%
水产养殖	5.94	0.7%	0.00	0.0%	0.11	1.0%
农田面源	23.62	2.8%	4.72	6.6%	2.36	21.10%
城镇面源	108.22	13.0%	1.33	1.9%	0.59	5.3%
内源	9.98	1.2%	0.06	0.1%	0.02	0.2%
水土流失	4.07	0.5%	0.09	0.1%	0.08	0.7%
合计	835.69	—	71.08	—	11.16	—

注:COD_Cr:重铬酸盐需氧量,TP:总磷。

1.2　研究区概况

1.2.1　地理区位

某国家湿地公园作为地区的湿地明珠、"城市之肾",是地区示范引领全域湿地建设、展示现代田园城市魅力的重要窗口。该国家湿地公园位于地区内新区,东临体育馆,沿环湖路至某省道岔路口,北起某省道,西起某村,南起某村,沿环湖路道至体育馆。

1.2.2　自然条件

1. 地形地貌

湖泊区沟谷发育,湖址区为较开阔的"U"形河谷,河谷较狭窄,附近无邻谷深切。地形地貌特征受地质结构和底层岩性的控制,呈现为背斜呈山,向斜呈坝,山系、平坝长轴方向与构造轴线方向一致的特征。地面高程一般在 430~560 m,丘顶与谷地(平坝)高差一般小于 200 m,属构造剥蚀侵蚀浅切割宽谷低山丘陵地貌。低山丘陵区主要表现为剥蚀地形,宽谷(平坝)区及河床、河道两岸区主要表现为堆积地形。

2. 气候条件

该国家湿地公园属于亚热带湿润季风气候,四季分明,雨量、热量充沛。春季气温不稳定,初夏多雷暴,盛夏炎热多伏旱,秋多绵雨,冬季阴沉。多年平均气温为 16.6 ℃,极端最高气温为 40.1 ℃,最低气温为 -6.6 ℃,多年平均相对湿度为 81%。多年平均年降水量为 1256 mm,降水年内分配不均,4—10 月降水量约占年降水量的 86%,其中尤以 6—7 月降水最多,约占年降水量的 30.2%,12 月至次年 2 月降水约占降水量的 4.86%。

3. 湿地资源

该国家湿地公园是河流-湖泊-稻田等构成的复合型湿地生态系统,具有水源涵养、气候调节、雨洪调蓄、维护生物多样性等多种功能。该国家湿地公园总面积为 349.97 hm²,湿地面积为 190.76 hm²,湿地率为 54.51%,分为保护保育区、恢复重建区和合理利用区三个功能区。保护保育区面积为 111.15 hm²,占湿地公园总面积的 31.76%,其中湿地面积为 111.15 hm²,占湿地总面积的 58.50%;恢复重建区面积为 179.74 hm²,占湿地公园总面积的 51.36%,其中湿地面积为 65.03 hm²,占湿地总面积的 34.22%;合理利用区面积为 59.08 hm²,占湿地公园总面积的 16.88%,其中湿地面积为 13.84 hm²,占湿地总面积的 7.28%。

该国家湿地公园内湿地资源丰富,类型多样,有库塘湿地、稻田/冬水田湿地、河流湿地、沼泽湿地等湿地类型。其中库塘湿地面积为 116.38 hm²,占湿地总面积的 61.01%;稻田/冬水田湿地面积为 62.15 hm²,占湿地总面积的 32.58%;河流湿地面积为 9.44 hm²,占湿地总面积的 4.95%;沼泽湿地面积为 2.79 hm²,占湿地总面积的 1.46%。

4. 水文状况

湖泊集雨面积为 22.88 km², 水库总库容为 7.09×10^6 m³, 正常蓄水位为 453.72 m, 水位落差不超过 0.7 m, 水位较稳定, 是重庆地区第二大城市淡水湖泊。湖泊所在流域洪水由暴雨形成, 每年 4 月开始进入汛期, 5—9 月是本流域暴雨多发季节, 特大暴雨、洪水常发生在此时期。而 8 月常发生伏旱, 若遇暴雨也有较大洪水发生。10 月以后, 副高南移, 流域内降水较多, 但雨强较小, 一般不会形成大洪水。丰水年全区径流量为 13.73×10^8 m³; 平水年为 10.03×10^8 m³; 枯水年为 7.71×10^8 m³; 干旱年为 4.96×10^8 m³。

1.2.3　交通条件

该国家湿地公园已建成环湖绿道且紧邻城区, 对外交通便利。对外交通主要依托某客运专线, 同时与高速公路互通, 距离某地西互通下道口 9 km, 距离某地互通下道口 3 km。通过二环路风景道、某国道、省道等公路路网与城区联系。周边交通便利, 环湖绿道已形成, 东与城市道路相接, 西与某省道连接。自驾游游客可通过周边发散型道路到达项目位置, 实现零距离相接。

1.3　工　程　目　标

项目的建设以提升该湿地功能为总体目标, 以生态文明建设为指导, 加强山水林田湖草生态修复, 有效改善水生态环境, 恢复和维持水生态系统稳定性和功能性, 确保该湖泊水质安全和生态安全。充分利用国家湿地公园及其周边的自然资源和景观资源, 将国家湿地公园建设成为长江上游重要生态屏障; 长江上游经济带生态文明建设高地; 中国最美的城市区域国家湿地公园; 湿地公园建设和城市人居环境质量优化协同共生的典范; 整体形象突出、基础设施完备、湿地景观独特, 具有多功能、文化特色浓郁的湿地生态旅游目的地。

1.4　建　设　原　则

1. 保护优先, 最小干预

认真贯彻国家有关湿地资源保护的法律法规、方针政策和地方政府的有关规定, 在湿地公园建设过程中, 将湿地保护放在首要地位, 确保具有重要价值的湿地生态系统及野生动植物得到切实有效的保护。鼓励湿地生态系统自然发育或恢复, 尽量减少人工景观或人为措施对自然湿地带来过多干扰。

2. 科学治理, 综合施策

坚持山水林田湖草是生命共同体理念, 遵循生态系统内在机理, 以生态本底和自然禀赋为基础, 关注生态质量提升和生态风险应对, 强化科技支撑作用, 因地制宜、实事求是, 科学配置保护和修复等措施,推进一体化生态保护和修复。

3．依托自然,控制规模

湿地公园内所有的规划项目必须尊重现有资源状况,依托和尊重自然,因地制宜地设计旅游项目。同时通过合理论证,科学分析环境容量,确定游客发展规模,在资源承载范围内对资源进行有效利用,不能只顾眼前利益,造成对湿地资源的破坏。

4．突出特色,区域共赢

该国家湿地公园作为重要的生态工程,在城市格局上起到了非常关键的作用,在公园建设上要努力突出地方特色,结合地域背景、文化传统和湿地资源特点,在实现资源保护和利用的同时,注重湿地公园生态功能对城市发展的效应,探索区域共赢的发展局面。

1.5　湿地生态修复工程措施

1.5.1　建立城市复合湿地生态系统——城市湿地连绵体

基于国际上最新的河流连续体、河流-湿地复合体理论,首次提出城市湿地连绵体概念,依托牛头寨、品字山等城市自然山水脉络汇集形成山地水源地,以某湖泊为核心水体,由河溪沟渠串起的生态蓄水植被系统、各类型湿地系统(库塘湿地、河流湿地、稻田湿地)等自然资源,形成相互贯通、连绵成片的湿地生态体系,通过溪流湿地、城市小微湿地、城市水敏性结构、立体山坪塘,串联各个湖泊和河流、溪流,最终汇入终点有机湿地网络,构成了全域湿地的重要组成部分,真正让湿地融入城市。城市湿地连绵体对城市局部地区气候的调节、污染净化、生物多样性保育等具有至关重要的作用(图1.2)。

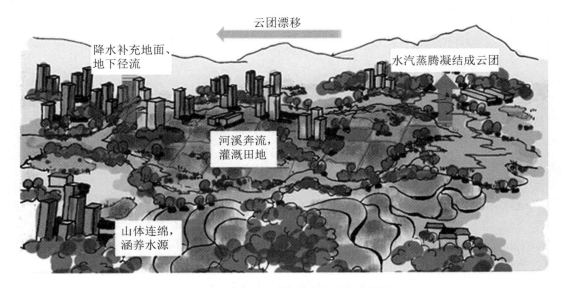

图 1.2　城市湿地连绵体生态功能结构图

1.5.2　加强湿地生态环境修复和治理

遵循"人的命脉在田,田的命脉在水,水的命脉在山,山的命脉在土,土的命脉在树"的生态系统逻辑,实施生态环境修复和治理,构建"山水林田湖草"生命共同体。

① 护山:对赤牛城、品字山等山体自然状态完整、没被破坏的部分进行严格保护;对自然状态不完整、已遭破坏的山体按照"山地修复、山地修补、植物混交、满山串联"的原则,采取生态固土、植被补植等措施形成生态护坡、台地花园;对裸露山体进行生境营造、复合森林的修补,提高山体水源涵养和植被动物承载能力。

② 理水:综合运用"渗、滞、蓄、净、用、排"等措施构建完善的城市海绵系统。完善污水收集管网建设,提高污水处理厂出水标准。开展水生态环境综合整治,保障饮用水源地水质安全。利用雨洪资源,采用生物措施自然净化,回用于生态和景观用水以及补充湖塘。加强固体废弃物资源化利用。

③ 营林:保护原生植物,留足自然恢复时间,强化生物多样性保护。保护好湿地生态系统,实施流域生态系统修复工程。采用人工造林、封山育林、林相改造等措施,增强水生态系统功能。流域内适地适树、多用乡土树种,恢复植物种类,提高植被覆盖率,形成稳定健康的植被群落,提高流域水土保持、水源涵养、动物栖息地的能力。构建稳定的生态植被格局。

④ 疏田:改善农田生态条件,增强农田品质,提高农田水土保持能力。加强土壤空间布局管控,切实防范建设活动造成新增土壤污染、地下水污染。加强化肥、农药等污染源控制及治理,鼓励使用绿色有机肥料。增加土壤微生物,让土壤、地下水恢复到高品质的自然循环状态,提高育林育草、生态丰产、自我修复的能力。

⑤ 清湖:优化湖泊格局。采用清理湖底、生态防渗、驳岸修复和净化湖水等水环境治理与生态修复措施使湿地具备集蓄雨水、农田灌溉、保护生物多样性的功能,提升湖泊生态价值。

⑥ 丰草:严格保护原生草地,防止受到建设和人为活动破坏。遵循自然和生态,以乡土草种为主,适地适草,退耕还草(图1.3、图1.4)。

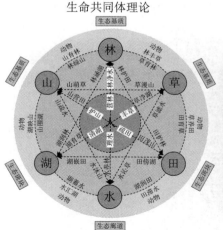

图 1.3　湖泊生态综合治理模式

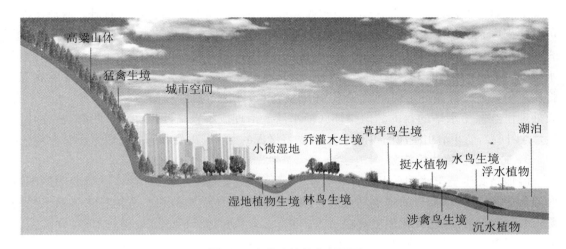

图1.4 湖泊生境修复剖面图

1. 驳岸改造

湿地公园驳岸改造采取条石、块石混凝土、混凝土或钢筋混凝土作基础;用浆砌条石、浆砌块石勾缝、砖砌抹防水砂浆、钢筋混凝土以及用堆砌山石作墙体;用条石、山石、混凝土块料以及植被作盖顶。用竹、木、圆条和竹片、木板经防腐处理后做竹木桩驳岸。

驳岸每隔一定长度设伸缩缝。主要通过营造近自然状态下的植被群落来保护河岸,以保持河流的自然堤岸特性,通过植被发达的根系来固稳堤岸以及过滤污染物、控制氮、磷、控制养分流失、截获农田土壤流失以及保护生物多样性的多种生态功能。

2. 湖体水华治理

根据湿地公园内主要水华种类和水质状态,将采取生物抑制剂除藻、人工打捞/机械打捞、局部生态清淤、生态修复等多种措施对湖体富营养化导致的水华现象进行治理。

(1)生物抑制剂除藻

生物抑制剂为在高磷环境中定向培养的多种芽孢杆菌,经过发酵工艺,配以氨基多糖螯合盐复合而成,通过三方面途径综合抑制藻类。第一方面,在生长过程中与藻类进行营养竞争,进而抑制蓝藻生长;第二方面,在特种微生物生长过程中,产生大量次级代谢产物,如藻胆蛋白酶和藻蓝蛋白酶,可酶解蓝藻中藻蓝细胞,控制水体蓝藻水华;第三方面,特种芽孢杆菌可过量吸收水体可溶性磷酸盐,控制水体蓝藻生长的高磷环境,从而控制蓝藻的生长。

(2)人工/机械打捞

人工打捞:采用两条快艇,拖动100～120目尼龙网,或多层小孔径渔网进行人工打捞,打捞后送往岸上进行填埋。人工打捞法需要耗费较多的人力物力和时间成本,且藻类的水华现象容易反复。机械打捞:采用大型仿生式水面蓝藻清除设备,分离表层富含藻类的水。该设备由10台水泵组成汲藻泵管系统自动分离汲取藻水,送至鳃式过滤器(仿链鱼鳃)进行水藻分离,藻液经"层叠式摇振浓缩筛"制成藻浆,自动灌入储运囊袋,每小时处理水量为500 m³,分离铲宽度为10 m。该设备不需投加药剂,只用物理方法处理,已在太湖、巢湖成功应用。

(3)局部生态清淤

生态清淤是削减蓝藻种源和局部水域氮磷释放的重要措施。湿地公园一般水深为

3～6 m,水体深度较浅,底泥中营养物质的释放作用对水质的影响会更加明显。清掉淤泥,可以使得原来沉积下来的工、农业等内源污染被消解,从根本上改善水质环境。如果仅考虑表面换水,虽然可以暂时性的抑制水华的发生,保持水质清新,可比较直接地达到短期治理水华的目的,但是治标不治本。改良底质,是处理血红裸藻水华水的关键。通过清除底泥,将底泥中的血红裸藻孢子移除出水体,并更换新水,杜绝了血红裸藻产生的根源,达到了有效处理血红裸藻水华的目的。但是彻底换水清淤治理成本较高,清淤要用环保机械连片清淤,减少回淤,防止清出淤泥的再次污染,要做好淤泥的无害化处置和固化处理等资源化利用。

3. 野生动植物生境恢复

湿地鸟类生境重建的重点是针对夏季繁殖鸟和冬季越冬水鸟,选择该区域北侧的湖湾区域营造浅滩-水塘复合的湿地鸟类栖息地。湿地夏季鸟类繁殖和冬季越冬水鸟对生境的要求要素包括底质、多样化生境斑块、作为鸟类营巢和庇护场所的湿地植物群落、食物需求等。进行多样性生境斑块(如水塘、沟渠、洼地)构建、水系连通工程、微地貌和底质改造、湿地植物群落配置(作为鸟类营巢、庇护地、取食对象)、水岸及高地鸟类庇护林建设。在林带空地处种植耐水小乔木、灌木如枫杨、乌桕、秋华柳、枸杞、桑树及草本植物芭茅、蒲苇等,构建良好的鸟类生境结构。

湿地公园内的鱼类中,有不少黏性鱼的受精卵需要在水草、藻类及其他水植物的茎叶上才能孵化仔鱼,在湿地公园的鱼巢营建中,选择在湖岸地带建设多层竹木结构的浮性鱼巢和水下植物鱼巢。多层浮性鱼巢采用竹竿和树木枝叶编织组建并编织成三层结构,形成多空穴空间;在鱼巢上部种植根系较为发达的湿地植物,如千屈菜、水芹菜等,利用植物发达的根系为鱼类提供产卵的场所。水下植物鱼巢则利用水下丰富的沉水植物资源,在近水区域投放沉水草本,如金鱼藻、苦草、黑藻作为人工鱼巢。让鱼类进行产卵受精,将受精卵粘在水生植物茎叶上,仔鱼孵化后在附近成群索饵成长,丰富水产资源。

1.5.3 营建环湖多维立体小微湿地群落

湖泊中多维立体小微湿地主要类型包括湖岸多带多功能梯塘小微湿地群、湖岸多维小微湿地群、竹林小微湿地群、湖岸湿地农业小微湿地群和湖湾果基-草丘基塘小微湿地,这些多维立体小微湿地构建了入湖生态屏障。在湿地生态系统中它们对修复多种生物生境、保护乡土基因库、维持小微湿地生命景观等方面发挥着极其重要的作用。同时通过小微湿地景观结合牌示系统以及数智宣教系统在公园内全覆盖实施自然教育,开展形式多样科普活动,实现了生态教育价值(图1.5)。

1. 湖岸多带多功能梯塘小微湿地群

该区域位于湖泊西岸,以稻田湿地形式呈现,地理坐标为东经107°44′10″—107°44′35″,北纬30°38′13″—30°38′38″,面积约为12.83 hm²,现状最低高程为453.49 m,最高高程为462.13 m,高差为8.64 m。其中东部梯田区域面积较大且地势较为平缓,适宜游赏漫步;西南侧高程较高,地势蜿蜒。地表径流主要来源为降雨,方向从西岸高程较高处流向湖泊,自然地形等高线凹陷处形成汇水线,汇集场地地表径流,并接受一定程度的道路自然散排排水,根据高程变化有小幅度蜿蜒水流,且该区域有少量自然塘系统,部分塘系统水体交换量小,水质发生恶化,生物多样性较贫乏。

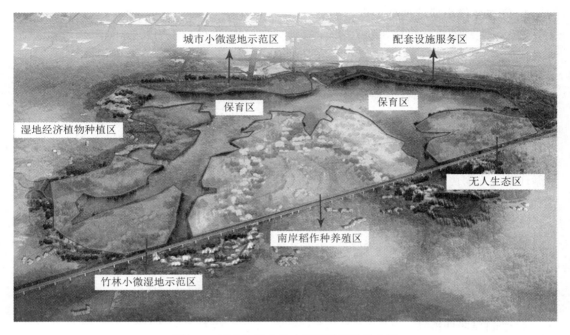

图 1.5　环湖多维立体小微湿地群落分布图

因此,在对西岸进行改造设计时,顺应原有的地形条件,利用其已有的地形和土地利用格局,提出了西岸梯塘小微湿地模式(图1.6)。该模式是将位于缓坡水岸上原有的水田进行分割,对原有的田埂加以利用,对分割之后的梯塘进行再设计,使塘的基本形态呈"梭子"形,每个塘之间有机衔接,沿等高线分布,改造成沿湖岸高程分布的梯塘小微湿地。在设计过程中借鉴山地梯田的生态智慧,塘基上以自生草本植物为主,塘内不做任何底质改造,以水稻土为主,并在塘内种植具有经济价值的水生蔬菜和作物,一是作为湿地农业示范,二是丰富生物多样性。这些水生蔬菜和作物不仅是水鸟的食物,也组成了其良好的栖息生境,同时这些植物也为水中的水生昆虫提供了良好的栖息环境,另外也是景观的重要组成要素。从整体来看,在整个湖泊西岸,沿着湖岸等高线一系列的梭子状的小微湿地形成了一个湖岸梯塘系统。

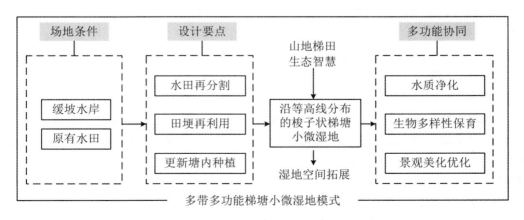

图 1.6　湖岸多带多功能梯塘小微湿地模式框图

2. 湖岸多维小微湿地群

该区域在湖泊草甸景区,位于该国家湿地公园北侧,占地面积为 6.76 hm²,以泡泡湿地、渗水草甸、丘坡草地等形态呈现,属于国家湿地公园的恢复重建区与合理利用区。湖泊北岸大量湖岸空间在早期主要种植粮食,致使湖岸水文条件发生巨大变化,后期虽对其进行过改造建设,但缺乏将传统园林景观美学与生态规划设计相结合。大量引进的园林景观植物表面上提高了湖岸景观的美感,但这些人工植被的单一物种组成和群落结构已失去了原有的生态系统服务功能。同时,由于湿地植被覆盖率较低,水土保持性差,水源涵养能力下降,导致湖岸生态服务功能效益低下。此外,由于抽水泵、排水管未达到使用要求,导致路面积水、水循环系统未形成,部分区域植物缺水,生长较差。水体中由于缺乏沉水植物及净水植物配置,导致水质不佳。

（1）设计目标

通过湖岸小微湿地生态系统设计,拓展和优化湖岸生态空间,优化湖岸生态系统结构和功能,提升湖岸生物多样性,建设湖岸小微湿地生态设计样板,使之成为景观优美、生物多样性丰富的生命景观湖岸。

（2）设计策略

① 空间异质性设计

湖岸处于湖泊水体与陆地之间,组成结构复杂,具有高空间异质性。作为水陆之间的生态交错带,湖岸具有微地貌组合多样、小微空间异质性明显等性质,存在三种类型的栖息地（水生、半水生、陆生）,使得生物多样性丰富。对于湖岸空间多变环境,从地形、地质结构等方面进行空间异质性设计。

② 小微生境设计

水、陆相邻生态系统的相互作用使得湖岸空间成为湖泊湿地中生境类型最复杂、生物多样性丰富的区域,具有营养物质周转快、信息交换频繁、生产力高的特点。由于人为干扰严重,湖岸区域的生物多样性衰退。针对湖泊北岸生物多样性贫乏现状,通过地形—基底—植物—水文的协同设计,丰富小微生境类型,提高生物物种数量,使湖岸小微湿地与周边环境协同共生。

③ 多功能设计

由于湖岸复杂的环境特征,湖岸小微湿地系统不仅要满足水质净化、雨洪管理、小气候调节、生物多样性保育等功能,还应满足为居民提供休闲娱乐场所和教育场所等众多生态及社会服务功能,这就是多功能设计策略。

（3）设计实践

① 地形设计

小微湿地地形设计是通过改变场地自然地形的高度、深度、坡度、坡向等生态环境指标,有目的地对小微湿地下垫面原有的形态结构进行二次改造和整理,最终形成大小不等、起伏不定的微地形和小型集水空间,有效提升小微湿地的生境异质性,实现控制地表径流、改变污染物质迁移路径、改善局部区域小气候等要求。

湖泊北岸在充分考虑湖岸整体地形格局基础上,结合小微湿地生物塘、生物沟、雨水湿地的设计,形成丰富的微地貌组合（图1.7）,以维持湖岸生境空间异质性。湖岸小微湿地群中,每个小微湿地都进行了基底微地形设计,在底部深挖形成低于地面、高低起伏的微地形,为动植物提供了多样的栖息环境(表 1.2)。大部分湖岸小微湿地能够保持湿润状态是由于湖泊是整体水系统的水源供给。但小微湿地水位也会随降雨情况呈现波动变化,一般情况下保持在常水位,而遇暴雨则因储蓄洪水导致水位暂时上升,因此在规划设计时预留了 10~15 cm 的深度以应对水位的变化。

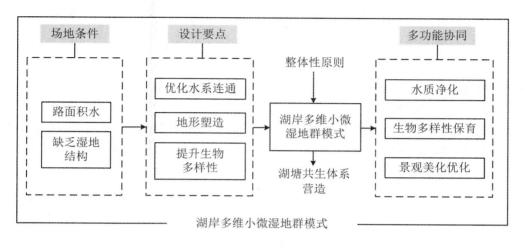

图 1.7　湖岸多维小微湿地群模式框图

表 1.2　小微湿地地形设计

类型	表面积(m²)	负地形高度(cm)	库岸坡度(°)	库岸宽度(cm)	底面处理
生物塘	20~30	20~30	15~30	40~60	内部挖有低于基底面、不规则起伏的深水
湫洼湿地	40~150	5~10	10~20	20~30	仅做表层地表修整,与地下水相连
生物沟	—	10~15	30~40	10~20	

岸坡通常会形成不同水分条件的环境,适宜不同植物群落的生长,不仅是各种生物重要的栖息场所,也是小微湿地设计的关键要素。因此,在小微湿地的建设中,生物塘岸坡设置了缓坡、陡坡两种类型。一般情况下平缓宽大的岸坡更利于水生植物生长,同时也为动植物提供良好的栖息环境;而陡峭窄小的岸坡只能为部分特殊的动植物提供了栖息地。生物塘面积较小,无法形成平缓宽大的岸坡;湫洼湿地面积较大,坡度较缓,一般为平坡地,流速较慢,较多野生湿地植物在此萌发;而生物沟作为生物塘和湫洼湿地的连接设施,用以输送地表径流并控制流量,因此坡度较大可加快地表径流流动,便于水流快速通过、汇集。

② 基底结构设计

湖岸小微湿地的基底既是系统的下垫面结构,受湖岸环境因子的综合作用,也是小微湿地的生命支持结构,为植物和底栖大型无脊椎动物、微生物和鱼类的生长提供营养。小微湿地基底结构从上到下依次为蓄水层、种植土层、人工填料层、砾石层和黏土夯实层。其中蓄水层可以滞留雨水,使部分沉淀物在此层沉淀,其高度与地形和降雨等密切相关,一般多为100~250 mm。种植土层有较好的过滤和吸附作用,为植物根系吸附及微生物降解污染物提供良好的场所,一般采用渗透性较强的砂质土壤;土层厚度与植物类型相关,一般多为250～2000 mm。人工填料层主要与当地的降雨特性及小微湿地面积有关,一般选用渗透性较强的天然或人工材料来净化水质、去除污染物,如炉渣、砾石等,一般多为100 mm。砾石层的主要作用是隔绝小微湿地周边的土壤,预防其他土质入侵,并具有排水作用,厚度一般为200～300 mm。小微湿地生物塘的基底以渗透性不强的黏土为防渗基底,在夯实的基础上覆盖壤土,以满足植物生长、微生物附着和底栖动物生活需求。在面积稍大的生物塘可放置卵石和倒木,形成多孔隙空间,为鱼、虾、蟹、昆虫等提供丰富的栖息地。

③ 植物设计

湿地植物及植物群落结构是湿地生态系统结构功能的核心,通过筛选、配置适生湿地植物,设计仿自然植物群落,形成优良的植物群落结构,不仅能够去除水体污染物、维持及美化岸线环境、改善区域气候,还能吸引鸟类、两栖类和水生昆虫,为动物提供食物及栖息地,从而提高该系统的生物多样性。

小微湿地筛选的植物物种与特定区域的环境特征密切相关,将湿生植物、沉水植物、浮叶植物、挺水植物等生活型的植物进行合理配置,形成自然的小微湿地景观(表1.3)。在淹没区域外的坡顶区主要以自然生长的草本植物为主,如种植铁苋菜(*Acalypha australis*)、鳢肠(*Eclipta prostrata*)、水蜈蚣(*Kyllinga polyphylla*)等。在水深0～50 cm的岸坡区主要以挺水植物为主,如菖蒲(*Acorus calamus*)、美人蕉(*Canna indica*)、灯芯草(*Juncus effusus*)、鸢尾(*Iris tectorum*)、再力花(*Thalia dealbata*)等,既能够净化水体、美化环境,还能有效拦截地表径流,稳固土壤。在水深50～150 cm的基底区主要种植苦草(*Vallisneria natans*)、金鱼藻(*Ceratophyllum demersum*)等净水能力强的沉水植物,以及搭配种植莲(*Nelumbo nucifera*)、荇菜(*Nymphoides peltata*)等可为鱼类、水生昆虫提供栖息环境的浮叶植物。

④ 水文设计

水文设计是基于场地雨水利用状况来分析水文的整体布局,是湖岸小微湿地生态系统设计的重要部分。通过分析场地地形特征,在合适区域营造小微湿地塘、雨水湿地等,并通过生物沟、排水系统等方式连通各水塘系统内部,能在一定范围内消解污染物对水环境的影响,有利于场地水文环境的改善。

湖泊北岸地形较为平缓,整体呈北高南低,高差约为5 m,通过"湖泊引水/自然降雨—生物沟—生物塘—湫洼湿地—湖泊水体"的方式连通各部分的水文。地表径流通过自然散排和暗沟流入小微湿地中,实现周边地表径流的消纳。同时,当小微湿地内的雨水达到饱和时,通过溢流口排入管网系统,而干旱时可通过湖泊引水,向周边小微湿地提供水资源,从而维持水量平衡。其次,根据场地排水情况,分析雨水汇集路径,对不同水文构成要素进行连通设计,如通过生物沟、地下暗沟连接生物塘、湫洼湿地以及湖泊水体。生物沟在引导地表径流流淌的过程中,其间种植的水生植物、陆生植物等都可拦截地表径流中的杂质和污染物,减缓流淌速度。污染物在生物沟中进行初步沉淀,再进入小微湿地中进行进一步净化。部分积留的有机物以及营养物质有利于植物的生长,形成小微湿地生态系统的良性循环。小微湿地通常是其周边地表径流的首个汇入点,汇集了周边硬质地面的汇水和来不及就地渗透或超出周边可渗透区域容纳能力的地表径流。

表 1.3　小微湿地常见湿生植物

生活型	植 物 名 称	功　　能
沉水植物	水毛茛(*Batrachium bungei*) 穿叶眼子菜(*Potamogeton perfoliatus*) 苦草(*Vallisneria natans*) 金鱼藻(*Ceratophyllum demersum*) 菹草(*Potamogeton crispus*) 黑藻(*Hydrilla verticillata*)	净化水质、为水生动物提供避难场所
浮叶植物	荇菜(*Nymphoides peltata*) 莲(*Nelumbo nucifera*) 芡实(*Euryale ferox*) 菱角(*Trapa bispinosa*) 萍蓬草(*Nuphar pumilum*) 莼菜(*Brasenia schreberi*)	净化水体、抑制藻类生长、提供栖息环境
挺水植物	菖蒲(*Acorus calamus*) 灯芯草(*Juncus effusus*) 水葱(*Scirpus validus*) 鸢尾(*Iris tectorum*) 千屈菜(*Lythrum salicaria*) 再力花(*Thalia dealbata*) 泽泻(*Alisma plantago-aquatica*) 美人蕉(*Canna indica*) 慈姑(*Sagittaria trifolia*)	净化水体、美化环境、提供栖息环境、稳固坡岸
湿生植物	地锦草(*Euphorbia humifusa*) 铁苋菜(*Acalypha australis*) 通泉草(*Mazus pumilus*) 水蜈蚣(*Kyllinga polyphylla*) 鳢肠(*Eclipta prostrata*)	稳固坡岸、提供栖息环境

3. 湖岸湿地农业小微湿地模式

该区域位于湖泊南岸,为稻作农耕区,是目前生境质量最好,岸线最自然的农业小微湿地系统。其是典型的丘陵地貌,丘间和丘坡相间,延伸到湖泊里面,形成半岛和水湾,水湾向上又延伸到丘间小微湿地。丘间湿地内的林、乔木、灌丛、高草草坡环绕着湖湾生长,湾内挺水植物生长良好,如香蒲、茭白,由此形成一个湖湾的草本沼泽。再往上到丘间,就是呈现一湾一湾的梯田形态的小微湿地(图 1.8)。

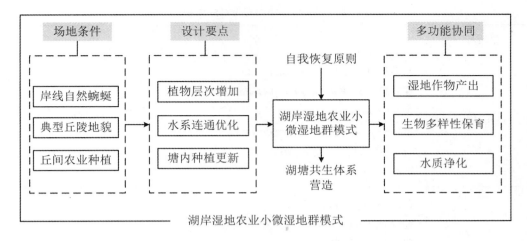

图 1.8 湖岸湿地农业小微湿地模式框图

南岸保留了原生的蜿蜒岸线,以及在起伏的地形条件下自然发育的植物群落,提供了支撑鸟类多样性的重要基础,在这个系统里存在林鸟、灌丛鸟、草地鸟、涉禽、游禽五大生态类型鸟类栖息地(图 1.9),南岸作为一个城市湖泊秘境,是湖泊最核心的区域。南岸的模式不完全是人为制作的,大多是自然的。因此是由南岸推起整个湖泊,湖泊的保护、修复及利用,是人与自然的协同共生之舞。

图 1.9 适合鸟类栖息的自然植物群落结构

4. 湖湾果基—草丘—基塘小微湿地模式

该区域位于湖泊西岸,为湖湾果基—草丘—基塘小微湿地模式。果基指的是在这个塘基上,至少种植有三种果树,如柚子树、李子树和桑树;丘是指塘内的草丘,因此称为湖湾果基—草丘—基塘小微湿地模式(图 1.10)。这种模式实际上是根据地形条件,在满足主导生态服务功能的基础之上,将山地高原的草丘形态的湿地再现于湿地之中。

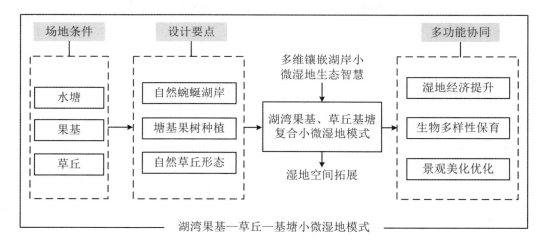

图 1.10　湖湾果基—草丘—基塘小微湿地模式框图

该区域的修复、保护和建设遵循了演替理论、食物网理论等,秉承"师法自然"的设计理念,强调发挥场地的自我修复能力。在"自然修复为主,人工调控为辅"的前提下,将场地作为一个整体的生态系统,对场地进行空间与功能重构,形成人与自然的协同共生,各种生物之间互惠互利的良好模式。修复后的湖泊沿岸生态结构复杂,林与小微湿地(塘)相间。林的种类丰富,从垂直结构上包括乔木层、灌木层、草本层。草本层也可细分成不同层次,在湖湾低洼区域,发育有非常不错的挺水植物。乔木种类丰富,除了自然分布在此的阔叶树种以外,还有很多过去因为水库建成前乡村遗留的柚子树种子,从而形成人工遗留的柚子树与自然分布的阔叶树种交混生长的情况,加上塘基上新增种植的李子树、桑树,形成了草丘—果基湿地塘模式。

5. 竹林小微湿地模式

该区域位于该国家湿地公园西侧的竹博园内,占地面积约为 33 hm²,为国家湿地公园八景之"竹苑闻莺"重要组成部分,被誉为竹种质资源基因库,栽种有竹子 300 余种(品种)。但过去单纯着重了品种资源的展示,未形成完善的科普宣教系统,缺乏一定的吸引力,整体景观格局有待提升。另外景区对整个竹林的景观外貌和生态效益关注不够,导致整个竹林生态效益相对比较低下,生物多样性相对贫乏,因为竹林郁闭度过高,林下草本植物资源比较贫乏。

针对竹林生态效益低下、郁闭度过高等问题,对竹博园以竹林小微湿地的形态来优化整个竹林的林相结构(图 1.11)。基本思路是:在郁闭竹林内部开林窗,增加竹林内部光照,增加整个竹林环境空间的异质性,在林窗范围内,小微湿地形态除了满足结构功能要素设计以外,由于水的存在,可以改善竹林内的小微气候。另外通过生物沟解决场地内路面积水的问题。由于对整个竹林内部的空间结构进行优化,光照资源改善,以及竹林内小微气候的调节,所以使得整个竹林的环境空间异质性得到提升,从而增加竹林生物多样性,也改变和优化竹林景观外貌。升级改造后,在原竹种质资源基因库的基础上融入湿地元素,打造出特色鲜明的一库(竹种质资源基因库),二馆(竹里馆、竹博馆)以及三景(竹林、小微湿地、凤池观景平台)。

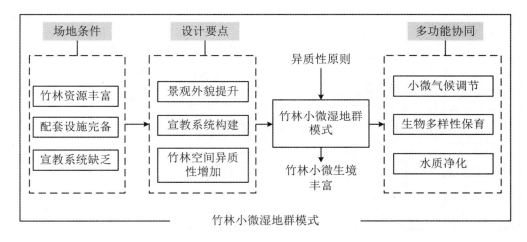

图 1.11　竹林小微湿地模式框图

1.6 效 益 分 析

1.6.1　生态效益

一是入湖水系面源污染改善，水质得到提升。该国家湿地公园的建设极大提高了湿地生态系统自净和自我修复能力，湖库水质得到持续改善。2020 年断面由Ⅳ类达到Ⅲ类水质标准目标要求。对化学需氧量（COD）去除率达到 30%，NH_4^+—N 去除率达到 20%，总磷（TP）去除率达到 20%。

二是生态结构完整性和生物多样性提高。湖区植被系统、湿地系统、河湖系统连通性极大加强，水陆交替过渡带功能显现，生态完整性增强。修复后的湖泊有高等维管植物由 2010年的 520 种增加至 2020 年的 623 种，包括苏铁、水杉等国家级保护植物；脊椎动物由 2010年的 158 种增加至 2021 年的 266 种（其中鸟类由 92 种上升到 196 种），包括青头潜鸭、棉凫、鸳鸯、红隼、斑头鸺鹠等国家重点保护野生动物（图 1.12）。每年冬季，上万只雁鸭类候鸟包括"极危"物种——青头潜鸭、阔别重庆 39 年的灰雁、远方的客人——西伯利亚红嘴鸥等珍稀濒危物种前来越冬栖息。水中植物明星——苲菜，由 2015 年的 3 个群落发展到约27 hm² 的面积，为鱼虾、水鸟等动物提供良好的庇护场所和丰盛的"美餐"。

1.6.2　经济效益

该国家湿地公园的建设推动了地区旅游业的进一步健康快速的发展，游客由 2017 年的22 万人发展到今天的 200 多万人，旅游收入由 68 万增至 430 万元，带动周边餐饮、住宿等服务业的发展，为地方增收 1.5 亿元。该国家湿地公园也入选了重庆市最佳夜游线路，满足群众休憩、赏景、寻乡愁的美好愿望(图 1.13)。

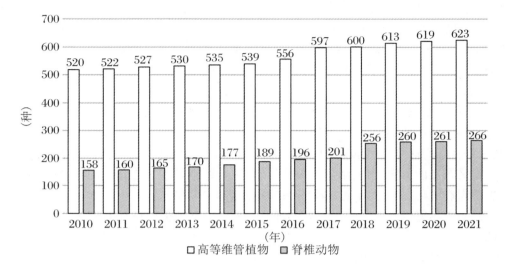

图 1.12　生物多样性柱状图

图 1.13　市民在游玩

1.6.3　社会效益

　　一是有效提升地区的知名度和影响力。该国家湿地公园成为生态旅游的新名片,有效提升地区和区域的知名度和影响力,推进区域生态文明和美丽中国建设。该国家湿地公园已获批"国家青少年自然教育绿色营地""某直辖市科普基地""某直辖市自然教育基地""某直辖市生态文明教育基地""某直辖市某区新时代文明实践基地""某直辖市某区乡村文化振兴基地""某直辖市某区中小学社会实践基地""某区研学基地"8 个基地荣誉称号,成为某直辖市干部生态文明实践培训基地。同时,通过开展校地合作,已与北京师范大学、重庆大学、重庆师范大学、西华师范大学等共建专业硕士研究生研修创新基地、科研与教学实践基地,利用校地合作优势平台,开展实施"小微湿地生态修复技术研究"科技兴林项目,成功申报"湿地鸟类智能监测识别系统研究与应用"科技兴林项目。结合"世界湿地日""重庆湿地周""爱鸟日""世界野生动植物日"等,联合各部门和自然界公益发展中心等机构,开展了包括"2020 美丽中国行·聚焦山水重庆"中央媒体采风活动、"竹博园里画风骨"暑期公益采风活动、"森林大篷车"、湿地进学校等宣教活动,编制了一整套符合特色的湿地自然教育教材,已出版印刷 2000 余套,极大地推动了自然教育的影响力。

二是增强公民的环保意识,促进湿地文化的提升和传播。该国家湿地公园是科普教学、环境教育的理想场所,通过湖泊型湿地生态过程模拟、功能展示、湿地动植物认知等教育项目,让人们在享受优美自然景观的同时,了解湿地知识、湿地文明及湿地的重要性,体验感受依托该地区厚重的历史文化、浓郁的民俗风情、独特的地域生态文化。同时,唤醒公众的环境保护意识和文化保护意识,形成生态保护的自觉性。

三是为游客提供高品位的生态旅游场所。该国家湿地公园依托其资源优势,吸引越来越多的游客和本地居民参与到生态旅游和自然体验中来,通过接近自然、探索自然、融入自然,丰富人们的精神空间,提高人居生活质量和身心健康。

1.7 拓 展 阅 读

1.7.1 竹山镇生态保护修复

1. 案例背景

竹山镇地处重庆市梁平区西部,距梁平区人民政府驻地有 42 km,区域总面积为 49.39 km²。地处山地,地势陡峭,地形属背斜低山;主要山脉为明月山脉,境内最高点位于猎神村大石头山,海拔为 1100 m;最低点位于邵沟村邵新纸厂,海拔为 640 m。境内主要河道有 1 条高滩河小溪,属长江上游支流,河流总长度为 16.7 km。

竹山镇猎神村有竹林上万亩,分布有丰富的煤、石膏等矿产。砍竹、贩竹、造纸等曾一度成为当地村民的重要经济来源,每天上山砍竹的人络绎不绝,大量竹子被无序砍伐。20 世纪 70 年代至 21 世纪初,猎神村里四处兴建石膏矿厂,先后建起了大小石膏矿 20 余家,加上煤矿开采,遍地"天坑""白肚",致使大量植被破坏,地下水跌落、河道断流、矿山塌陷积水(图1.14)。此外,农村生活污水和种植养殖废水,过量施用农药化肥等因素也造成农业面源污染;松材线虫等有害生物对区域内生物多样性造成威胁。

2. 修复目标

创造生态产业与湿地保护协同共生的山地湿地生态经济单元,改善生态环境,丰富生物多样性,提升乡村人居环境质量,带动周边乡村经济发展,真正实现产业兴旺、生态宜居,全面助推乡村振兴。

(1) 实施矿山修复,变"靠山吃山"为"养山护山"

关闭矿区(图 1.15),重新规划经济发展新蓝图,编制以自然恢复为主、工程恢复为辅的综合整治方案，划出生态保护区，将保护区内的竹林、湿地等生态空间全部划入生态保护红线范围。

图1.14　矿山塌陷积水区

图1.15　关闭矿区

3. 修复措施

在不阻断生态廊道、动植物迁徙通道的前提下，"依山势、顺山形、随山走"，依形就势恢复地形地貌。充分利用现有的缓坡和矿山塌陷积水区，针对地形高差、坡度、坡向、地表起伏、水资源及生物资源的立体分布、高空间异质性和多变环境等山地特征，利用山地沟谷水资源及环境条件，经过人工微地形调整，形成更多适宜不同类型水鸟栖息的生境。选择水流较缓、水位稳定的区域，成片恢复水生植物和湿生植物，形成水面和植被交互区域。构建以水源涵养为主的乔—灌—草—湿复合生态系统，提升水源涵养功能。

秉承"师法自然"理念，以生态筑底，坚持以生态修复为主、人工促进为辅，合理布局梯塘和沟渠，建设多功能梯级塘＋立体农业复合系统、湿地经济塘、多功能梯级塘＋生命花园＋生境塘等小微湿地模式（图1.16、图1.17），对场地内部梯塘各地貌单元进行水系连通，打造结构稳定、生物多样性丰富、多功能、多效益的山地梯塘小微湿地系统。

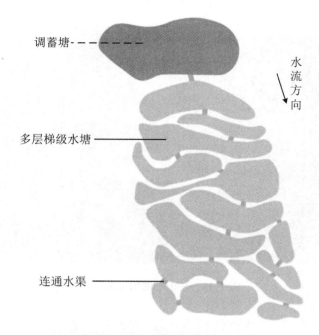

图 1.16　山地梯塘湿地地形示意图

图 1.17　山地梯塘湿地水系示意图

　　分别从横向、竖向、纵向上对场地进行三维空间划分。横向上，进行几何形态优化，依等高线布局大小不同的湿地塘，重塑塘基；竖向上，塘内部增加微地形，营建深浅塘相结合的模式；纵向上，顺应山地地势、丘地及水体岸线肌理依山而下，构建梯级塘结构，并重建水系结构,形成可储水、放水的水系结构,尽量用天然降水维持小微湿地环境。塘基上主要种植草花植物和少量小型乔灌木;塘内所选用植物既考虑植物的适应性和景观价值,同时考虑经济利用价值,包括金鱼藻、黑藻、菹草、千屈菜、水葱、灯心草、菱角、萍蓬草、荇菜、水罂粟、慈姑、茭白、莼菜、菖蒲、水芹菜、荸荠、香蒲、泽泻、雍菜等。多层梯级水塘的空间异质、结构互通、各异植被塑造了多样的干湿交替生境,为林鸟、田鸟、涉禽、游禽、两栖动物、昆虫、水生动物等提供生存繁衍的栖息空间,实现湿地生态系统的多样性和完整性的统一(图1.18)。

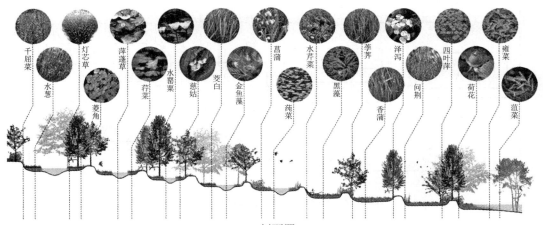

1-1剖面图

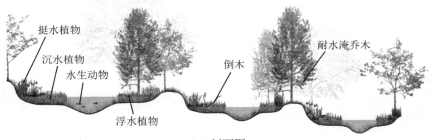

2-2剖面图

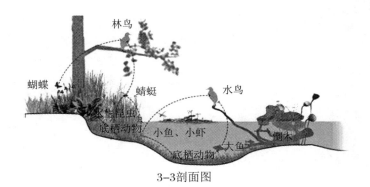

3-3剖面图

图1.18　梯塘小微湿地设计剖面图

(2) 开展水环境治理,变"污水废水"为"治水兴水"

采用"湿地＋环境治理",在污水处理厂附近建设乡村污水治理小微湿地,实施场镇尾水生态净化、雨洪管理、污染控制、水源涵养,有序构建乡村湿地有机体。场镇和集中农村居民居住点的生活污水、种植养殖废水,经污水处理厂处理达标之后进入小微湿地,有效控制乡村生活点源和农业面源污染,充分发挥污染拦截净化等功能(图1.19)。通过小微湿地生态自净作用深度净化后流入蓄水塘和风水塘,同时与雨水汇集加以利用或溢出流入河湖,发挥生态湿地尾水提标功能。

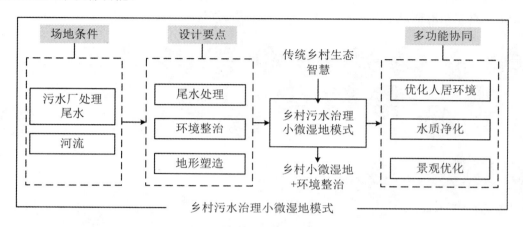

图1.19 乡村污水治理小微湿地模式框图

针对湿地系统内养殖大量鱼类、水面漂浮物多、整体水生植物品种较少、存在外来入侵植物和强势植物以及湿地塘基淤泥淤积严重等影响湿地质量的问题,清除底层鱼类以改变鱼类结构类型、清理塘底淤泥以建立深水塘、优化岸坡植物、清理外来物种和漂浮物等提升湿地系统品质。种植经济价值和观赏性兼具的水生植物,使整个系统发挥净化水质、丰富生物种群、调节局地气候、优化人居环境的作用(图1.20)。

图1.20 河流旁的污水治理小微湿地

(3)修复森林生态系统,变"砍林伐林"为"造林育林"

① 开展林相改造

划分林地保护红线,实施宜林地造林和迹地更新、封山育林、森林抚育、森林彩化及多样性提升等工程,优化森林结构,保障森林生态。稳步增加单位面积生物量,有效缓解地表径流,减轻土壤侵蚀程度,增加土壤肥力,达到调节大气、净化空气、固碳、增加地表植被盖度、提高土地生产力的效果。改造低效寿竹、白夹竹林近 6667 hm²,进一步改善林相,丰富竹资源种类。加强对百里竹海重点区域景观竹抚育、栽培和打造,新建观赏竹约 666.7 hm²,增强竹海景观的视觉冲击力。仅猎神村就先后培育公益林约 460 hm²,改造竹林约 433 hm²,栽种各类树木 30000 多株。推进森林彩化、美化、珍贵化建设,森林生态功能、生态系统稳定性及森林碳储量、碳汇能力明显增强,促进生态系统良性循环,重新恢复了群山叠翠的自然面貌,山更绿,水更清,天更蓝,生态环境得到了大保护、实现了大变样。

② 防控森林病虫害

开展松材线虫病防控工程,清理病死木和枯死松木,增加森林抵御病虫害的能力。采取树干注药方式,保护竹山镇辖区大(古)松树 704 株,提高森林质量。

③ 发展生态产业,变"绿水青山"为"金山银山"

抢抓成渝地区双城经济圈建设机遇,围绕共建明月山绿色发展示范带,以猎神村为基地,采用"湿地＋特色产业"模式,以"小微湿地＋民宿"建设竹山镇乡村小微湿地群示范项目。从浙江等地成功回引 20 多名党员回乡创业,带回资金近亿元,实现了村民家门口就业。整合闲置农房及宅基地约 1400 m²,田土山林约 53 hm²,建立起"企业＋合作社＋农户"联营模式,利用传统老院落、老民居,成功打造出墨林竹苑、星空房车露营基地、梦溪湉园等精品民宿群,建成集餐饮、住宿、购物、竹编体验于一体的"猎神三巷商业街",成为最亮眼的川渝乡村风情商业街、"直播经济"竹林打卡地,带动全区"湿地＋民宿"建设模式的推行和森林康养产业的发展。

4. 项目成效

（1）水质得到有效改善

水体的自净能力逐步提升,水质逐渐变好(图 1.21),山地梯塘小微湿地水质已达Ⅲ类水标准。乡村小微湿地网络通过调节局地小气候、满足乡村水源涵养、提标乡镇污水处理厂尾水水质,进一步保障了乡村生活生产用水(图 1.22)。

图 1.21　梯塘小微湿地内的水质良好

图 1.22 小微湿地进一步净化经达标处理后的乡镇生活污水

（2）生物多样性更加丰富

利用生态保育和生态修复技术手段,有效保护乡村物种多样性及其生境、乡野物种基因库和乡村生物景观,保持乡野原始风貌,逐步恢复生态功能,为动植物提供良好的繁衍、栖息场所。此外,通过积极地招引和合理地引进等措施扩大动植物的种类和数量,完善生态系统,提高了生物多样性(图1.23),丰富了湿地景观资源和当地生物多样性。后期监测数据表明,目前梯塘小微湿地内的水生无脊椎动物已达50余种。

图 1.23 梯塘小微湿地内生物种类多样

（3）生态服务功能不断提升

2019 年 3 月梯塘小微湿地建设前,场地杂乱,水质不佳,景观面貌差。通过小微湿地理念和技术引领的生态修复,植物生长良好,水质得到较大改善,物种越来越丰富,蛙鸣鸟叫、蝶舞蜓飞,景观品质优良。猎神村的小溪沟,由过去直立式陡岸的生硬渠道,成为生态秀美的乡村溪流。猎神村后方近 3.3 hm² 梯形稻田与村落紧密相连,数十个田块沿着山坡往上延伸,呈现出特色山地梯塘小微湿地立体景观,为乡村生态旅游开展提供了优美的风景资源。场镇污水治理小微湿地呈现的景观和自然野趣不仅为各种生物提供良好栖息场所,同时也成为村民休闲游憩的场所。小微湿地内部水生生物群落内的不同类群之间、各生物类群与环境因子之间,已经构成稳定的小微湿地生态系统,发挥着良好的储蓄水分、控制雨洪、净化污染、调节微气候、提供生物栖息地等多种生态服务功能。

（4）湿地生态产品价值开始显现

习近平总书记指出:"要探索可持续的生态产品价值实现路径。"在梯塘小微湿地塘里种植莼菜、慈姑、菱角、蕹菜、水芹菜等 10 多种水生经济作物,并搭建瓜果棚架,形成复合型湿地生产基地(图 1.24)。

图 1.24　山地梯塘小微湿地经济

同时通过让游客体验乡村生活,并参与农事、了解风土人情来拓展湿地农业观光产业,带动乡村民宿发展,全面提升乡村社会、经济以及生态效益。把绵延竹海、小微湿地、田园风光作为生态旅游的核心资源,举办"夜竹海·潮生活"主题系列活动,大力发展周末旅游、周末经济,川渝东北 14 个区县,在竹山镇湿地民宿群每周末举办乡村音乐会,带动吃住游购娱消费 300 余万人次,小微湿地经济焕发活力。猎神村人均收入由 2010 年的 6952 元提升到 2019 年的 26756 元。2020 年,猎神村累计吸引游客 82 万人次,实现旅游收入 2.47 亿元,带动全村户均增收 0.6 万元。目前,包括"梦溪湉园""墨林竹苑"、百里竹海星空露营房车基地(图 1.25)等在内的乡村特色民宿已形成明月山·百里竹海民宿群,有序构建全方位立体乡村湿地生命共同体,助力共建明月山绿色发展示范带,"竹山变金山"的故事还被央视新闻联播报道。

图 1.25　百里竹海星空露营房车基地

1.8　参考标准和规范

《地表水环境质量标准》(GB 3838)

《土地利用现状分类》(GB/T 21010)

《湿地分类》(GB/T 24708)

《土的工程分类标准》(GB/T 50145)

《给水排水管道工程施工及验收规范》(GB 50268)

《人工湿地污水处理工程技术规范》(HJ 2005)

《城市园林绿化工程施工及验收规范》(DB 11/T 212)

《城镇绿地养护管理规范》(DB 11/T 213)

《海洋沉积物质量》(GB 18668)

《湿地分类》(GB 24708)

《小微湿地保护与利用技术规范》(DB50/T 1640—2024)

《湿地保护管理规范》(DB 22/T 2368—2019)

《小微湿地建设指南》(DB 36/T 1545—2021)

《天然小微湿地修复技术规程》(DB 23/T 3178—2022)

《小微湿地认定规范》(DB 63/T 1988—2021)

《小微湿地认定技术规范》(DB 1310/T 322—2023)

《小微湿地修复技术规程》(DB 11/T 1928—2021)

《乡村小微湿地修复规范》(DB 3210/T 1103—2022)

《乡村小微湿地分类评定规范》(DB 3210/T 1171—2024)

《小微湿地保护与管理规范》(GB/T 42481—2023)

《区域生物多样性评价标准》(HJ 623)

《生物多样性观测技术导则 鸟类》(HJ 710.4)

《生物多样性观测技术导则 两栖动物》(HJ 710.6)

《物多样性观测技术导则 内陆水域鱼类》(HJ 710.7)

《生物多样性观测技术导则 淡水底栖大型无脊椎动物》(HJ 710.8)

《生物多样性观测技术导则 水生维管植物》(HJ 710.12)

《水华遥感与地面监测评价技术规范(试行)》(HJ 1098)

《全国生态状况调查评估技术规范 湿地生态系统野外观测》(HJ 1169)

《全国生态状况调查评估技术规范 生态系统质量评估》(HJ 1172)

《水生态监测技术指南 河流水生生物监测与评价(试行)》(HJ 1295)

《水生态监测技术指南 湖泊和水库水生生物监测与评价(试行)》(HJ 1296)

《滨海湿地生态监测技术规程》(HY/T 080)

《海洋监测技术规程》(HY/T 147.7)

《森林土壤水分物理性质的测定》(LY/T 1215)

《湿地生态系统服务评估规范》(LY/T 2899)

《河湖生态环境需水计算规范》(SL/T 712)

《河湖健康评估技术导则》(SL/T 793)

案例 2　某矿山公园修复案例

2.1　案例背景

2.1.1　项目由来

　　该矿山公园所在的某山脉是川东平行褶皱岭谷区的山脉之一,北起达川区雷音铺山北端,呈东北至西南走向,全长 260 km,宽 5~10 km,一般海拔为 600~1000 m,最高峰万峰山在邻水县龙安镇境内,海拔为 1054 m。跨达州、大竹县、邻水县和重庆市长寿区、渝北区、南岸区、巴南区、綦江区等县区,止于綦江北岸天台山。

　　此山脉为区域内森林覆盖率非常高的区域,也是某直辖市建筑用石材、碎石主要生产基地,曾经分布着众多大小规模不等的采石场(点),对其的开采已形成了众多大小不等、矿山边坡裸露的矿坑,且对自然环境造成了极大的危害。市委、市政府从保护环境、安全生产和市场经济调节等方面原因出发,于 2007 年颁布《"四山"地区开发建设管制规定》,区政府对这一带的采石场进行了关闭,至 2012 年底,片区内采石场全部关闭。长期的采石活动,导致工作区植被和景观破坏、水土流失等生态环境问题日益突出;大量的森林及土地资源遭到严重破坏;同时开采过程中诱发了系列地质灾害,造成工作区居民的生存环境日益恶化,经济发展受到严重制约。

　　为切实落实市委、市政府创建国家环境保护模范城市、加快城市建设、关注民生工程的要求,市政府和区政府对此山脉一带矿区地质环境恢复治理工程高度重视。区内矿山关闭完成后遗留了严重的矿山地质环境问题,同时也形成了独特的矿坑奇景和矿业遗迹,规模不等、形态各异的 41 个矿坑沿某山脉顶部岩溶槽谷区南北向绵延 10 km。如同一串遗落在山脉的珍珠,具有极佳的观赏及科普价值。当地政府拟结合关闭矿山的景观资源、当地山林田园、民俗老街、村寨古寺等自然人文资源,进行整体打造成为某国家矿山公园,将其打造成为一个集生态环境修复、科普教育、农业观光和城郊游憩等功能于一体的都市型生态旅游目的地,一个兼具观光和体验的国家级矿山主题公园。

　　因此矿山公园的修复工程工程量大,时间跨度长,项目分期进行,因此本案例仅以此矿山地质环境治理恢复与土地复垦某期工程为依据进行展开。

2.2　研究区概况

2.2.1　地理区位

该矿山矿坑地处某直辖市某区某镇,该片区内矿山现为废弃矿山(图 2.1)。项目区位于城镇以南 110°方位,矿区公路和乡村公路相连,交通方便,距离区政府 45 km,距某镇场镇 12 km。场地遗留了 39 个矿坑,大小、深浅不一,雨水在深坑中汇集,形成了碧水深潭,有些深达 50 m,本案例介绍是位于某乡镇——某矿山地质环境治理恢复与土地复垦(某期)工程的 22、23、24 号坑。

2.2.2　自然条件

1. 地形地貌

勘查区原始地形总体西高东低,属于剥蚀、溶蚀丘陵—低山地貌。区内最高标高为 +670.50 m,位于 24 号矿坑北西侧斜坡上部;最低标高为 +553.33 m,位于 23 号东南侧坡角处;相对高差为 117.17 m。长期的矿山开采对场区地形地貌破坏极大,在区内形成 22、23、24 号三个半封闭、"品"字形分布矿坑。

22 号矿坑平面形态呈不规则四边形,南北长 320.0～350.0 m,东西宽 220.0～245.0 m,面积约为 60342 m²,深 5.5～30.4 m。矿坑四周为 BP22-1～BP22-6 共 6 段封闭状矿山边坡,边坡高 5.5～30.4 m,坡度为 42°～82°,多处见陡直边坡,坡面极为破碎。

23 号矿坑位于 22 号矿坑北东侧,23 号矿坑平面形态呈不规则四边形状,南北向长约 150.0～180.0 m,东西向宽约 70.0～90.0 m,面积约为 12368 m²,深 12.0～35.0 m。矿坑四周为 BP23-1～BP23-4 共 4 段半封闭的矿山边坡,边坡高 12.0～35.0 m,坡度为 67°～80°,多为直立边坡,坡面较为破碎。该矿坑由两个小矿坑组成,矿坑中部被一斜坡分割。底部分为南北两个平台区,北侧平台区高程为 559.85～563.83 m,面积约为 2232 m²;南侧平台区高层为 575.98～581.22 m,面积约为 3089 m²;平台面积约占约矿坑面积的 43%。

24 号矿坑位于整个勘查区的北东侧,平面形态呈近似圆状,半径约为 78～95 m,面积约为 20291 m²,深 20.0～80.0 m。矿坑四周为 BP24-1～BP24-4 共 4 段封闭状矿山边坡,坡度为 73°～82°,边坡坡角较大,多近于直立。矿坑底部为较为平坦,其高程为 551.32～557.45 m,面积约为 9009 m²。综上所述,项目区地形地貌条件复杂。

2. 气候

该区域属亚热带湿润气候区,大陆性季风气候特点显著,具有冬暖春早、秋短夏长、初夏多雨、无霜期长、湿度大、风力小、云雾多、日照少的气候特点。常年平均气温为 17.3 ℃,极端最高气温 43 ℃(2006 年 8 月 15 日),极端最冷气温为 -1.8 ℃(1975 年 12 月 15 日)。盛夏高温炎热,一般 8 月为最热月,日最高气温大于 35 ℃。相对湿度年均为 81%。常年平均降雨量为 1100 mm,平均日照为 1340 h,平均无霜期为 319 d。1998 年为降雨量最多年,年降水量为 1615.8 mm,2001 年为降雨量最少,年降雨量为 813.90 mm,多年平均最大日降雨量约为 90 mm。2007 年 7 月 17 日,遇百年不遇的特大暴雨,日降雨量达 266.70 mm。

图 2.1 矿坑概况

工作区内降水量的季节分配也不均匀,夏半年(5—10 月)降水量偏多,达 881.40 mm,占全年总降水量的 80%,冬半年(上年 11 月—第二年 4 月)降水量仅 235.4 mm,占年总降水量的 20%。

3. 土壤

该矿山区域内地域辽阔,从纬度范围来看,地带性土壤是在亚热带湿润季风气候条件下形成的黄壤、红壤。但市境内自然成土条件相当复杂:首先,地貌条件复杂,既有大面积中低山地与深切河谷,也有广阔丘陵、平坝,山高谷深、地势高低起伏悬殊。这在很大程度上重新分配了境内的水热状况,导致气候、生物等成土因素产生了明显的垂直变化和区域差异。其次,地表底层构成有从前震旦系到第四系的大部分出露,岩性复杂、母质多样。加之水文地质条件和人类生产利用形式的差异,使成土条件更为复杂,从而导致本市土壤种类的多样化。据统计,全市土壤共有 5 个土纲,9 个土类,17 个亚类,40 多个土属,100 多个土种,变种更多。工作区土壤以紫色土为主,通透性较好,酸碱度适中,肥力中等,局部分布石灰岩土类;土壤类型和发育状态总体上有利于植被的恢复。

4. 植被

地带性典型植被属亚热带常绿阔叶林,自然演替的顶级植被群落是中亚热带低山湿润性常绿阔叶林。优势种主要是山毛榉科、樟科、茶科、金缕梅科、杜英科、山矾科、海桐花科、蔷薇科、豆科、大戟科、茜草科的植物,形成阴性常绿阔叶林植被类型。区内植被是地带性植被被破坏之后,由于地貌、岩性、土壤及人为的影响而形成的次生植被类型,主要有阔叶林

（这是地带性植被，包括常绿阔叶林和落叶阔叶林）、马尾松、映山红林、慈竹林、慈竹、柏木林、柏木、棕榈疏林、灌丛林和农业植被（图 2.2）。

图 2.2　矿坑植被情况

勘查区内良好的植被和丰富的物种可为矿山采场植被恢复提供源源不断的生物种源，矿区内除采矿坑周边被植被覆盖外，其余采矿均为裸露区；整个勘查区大部分被碎石大量堆积，坡面裸露情况严重，对生态恢复治理带来了一定的难度。

5. 水文地质

矿区地处低山地区，地形坡度较大，接受大气降水后，地表排泄通畅，径流条件好，大部分降水经地表冲沟排出矿区外，周边岩溶发育强烈，矿坑基本未蓄水，勘查发现，仅少数矿坑能常年性蓄水。野外踏勘中发现，在废弃矿坑西北方向约 500 m 见两处岩溶泉水，据访问，地下河出口干旱年常断流 3 个月左右，流量随季节性变化明显，水质微微浑浊，为周边生活利用、农业灌溉主要水源。

矿山区内过境河流主要有长江、嘉陵江和御临河，其中长江沿区境东南边境流过，嘉陵江沿区境西南边境流过，御临河常年过境地表水约 17×10^9 m³。另外，境内年平均降水量为 10^9 m³，地下水出露总量约 1.1×10^8 m³。

溪沟用地现状：根据现场调查，该溪沟适合打造跌水景观的河段为上游民房集中区村口（标定为 K0＋0）至下游大片平坦的农田、湿地区域（标定为 K0＋647）（图 2.3）。

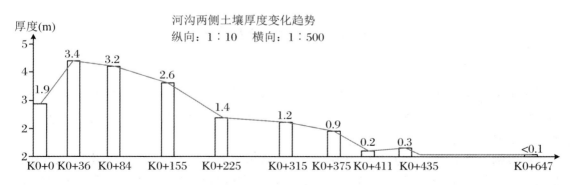

图 2.3　河沟两侧土壤厚度变化

该河段两侧土壤厚度总体变化趋势为由上游至下游厚度逐渐变小。根据拟沿该段河沟打造宽约 5 m 跌水景观的意向,经估算,总不稳定矿渣治理土量共计约 3291 m³,挖的土可作矿山修复治理使用的客土(图 2.3)。

6. 溪沟用地现状

场地内的耕地主要为水田和旱地,位于场地北部,其中水田面积约为 49067.19 m²,旱地面积约为 149625.43 m²。水田位于场地北部,主要分布于溪沟两侧。

场地内的村庄散布于场地北侧,面积约为 23275.5 m²,其中较为集中的村庄有 2 处,分别位于 23 号坑顶部西侧和溪沟起点处(图 2.4)。

图 2.4　蓄水池起点位置

2.2.3　交通条件

项目区位于某镇以南 110° 的方向,矿区公路与国道相连,交通方便,工作区距区政府 43 km,距与周围各个镇互通,高速公路均可到达,地理位置较为优越,交通较为便利。

2.3　工　程　目　标

该矿山的修复目标是生态修复产业化,生产修复为第三产业打底。以产业为导向,文化为背景、修复为基础的思路发展。为当地经济带来新的产业,振兴当地经济,作为乡村振兴的又一重要助推力。

本案例项目工程范围为《某矿山地质环境治理恢复与土地复垦(某期)》,本次土地复绿整治工程主要围绕矿山地质环境治理及矿山公园旅游的目标进行布置和设计,包括复垦调形工程、生态复绿工程、生产便道修复工程、危岩治理工程、水生态修复工程及科普教育工程 6 个方面。具体内容如下:

1. 复垦调形工程

长期的采石活动,导致大量的森林及土地资源遭到严重破坏,为响应国家号召,保护生态环境,对矿坑进行调形及复垦。矿坑现状主要为林地和荒地,因土壤地质原因不能用于农业生产,通过场地平整及挖填平衡设计,不稳定矿渣治理(120356.9 m^3),不稳定矿渣回填(144454.01 m^3),还原复垦面积约为 10811.2 m^2。

2. 生态复绿工程

通过土地调形及植物栽植,恢复绿化面积约为 74809.6 m^2,其中复绿面积约为 63998.4 m^2,复垦面积约为 10811.2 m^2。

3. 生产便道修复工程

利用现状便道,设置不同规格的农业便道、农业机械停靠点及便民设施休息点,形成环线为矿坑公园旅游打下基础。其中新增农业生产便道 5681.5 m;农业机械停靠点 3 处面积约为 9067.7 m^2;便民设施休息点面积约为 10052.5 m^2,卫生间 1 个。

4. 危岩治理工程

为保证场地安全性及为后期旅游开发打下基础,场地周边边坡进行清危排险和分台式景观挡墙处理。其中边坡治理工程采用"清除 + 坡率法放坡 + 截排水沟 + 护栏"的治理措施,对不同的危岩单体根据规模、形态、破坏模式等采用不同的治理手段。

5. 水生态修复工程

为解决场地范围内的植物灌溉用水问题,通过增设排水沟将场地内雨水接入新增蓄水池中,以满足场地灌溉等用水。其中新增蓄水池 6 处面积约为 4064 m^2;增设排水沟约为 5110.3 m。整合场地现状水渠体系及新建蓄水池为旅游打下景观水系基础。

6. 科普教育工程

通过科普教育等展示性设施,结合乡村绿化文化设置田园风格的标志牌,介绍矿坑公园来历的同时达到宣传环境保护的目的。

2.4　建　设　原　则

根据当地的自然环境和社会经济发展情况,按照经济可行、技术科学合理、综合效益最佳和便于操作的要求,结合项目特征和实际情况,体现以下建设原则。

2.4.1　统一规划,统筹安排

参照项目区土地利用总体规划,结合项目区实际情况,确定待复垦土地的复垦后土地利用方向,统一规划,统筹安排。

2.4.2　因地制宜,合理规划,优先复垦为农用地

贯彻落实"十分珍惜和合理利用土地,切实保护耕地"的基本国策,按照"因地制宜,综合

利用"的原则,依据所在地土地利用总体规划,合理确定复垦土地用途,宜耕则耕、宜林则林、宜园则园、宜建则建。本着保护耕地的原则,尽量复垦为耕地,在现有基础上,对损毁区域内配套农田水利设施、交通设施等进行规划设计,尽快恢复土地生产力。

2.5　矿山公园修复措施

本次土地复绿整治工程主要围绕矿山地质环境治理及矿山公园旅游的目标进行布置和设计,包括复垦调形工程、生态复绿工程、生产便道修复工程、危岩治理工程、水生态修复工程及科普教育工程6个方面进行设计(表2.1)。

表 2.1　工程设计内容

序号	项 目 名 称	单位	可研指标	工程设计指标
1	生态修复工程	—	—	—
1.1	矿渣及危岩体治理工程	—	—	—
1.1.1	不稳定矿渣治理	m³	126668.0	120356.9
1.1.2	不稳定矿渣回填	m³	93546.0	144454.01(包含边坡治理产生的矿渣 23841.74)
1.1.3	危岩体治理	项	1	1
1.1.4	挡墙(2 m 内)	m	1015.2	1728.9
1.2	复绿工程	—	—	—
1.2.1	种植土	m³	60000.0	54786.52
1.2.2	绿化	m²	118852.0	109573.64
1.3	地表水治理工程	—	—	—
1.3.1	蓄水池	m²	8290.0	4063.8
1.3.2	排水渠	m	8085.0	5110.3
1.3.3	现状溪沟	m	7185.6	7185.6
1.4	生产便道	—	—	—
1.4.1	原生产便道体系修复	m²	26955.12	26955.12
1.4.2	新增便道	m²		19639.78
1.5	溪流沟渠治理工程	m²	6469.6	7990.7
2	合理利用工程	—	—	—
2.1	栏杆	m	1500.0	855.7
2.2	宣教牌及入口	个	13	15
3	文旅配套工程	—	—	—
3.1	厕所	个	3	1
3.2	人居环境整治	户	73	0

注:考虑资料来源及用途,并结合田园综合体进行设置,将人居环境改造纳入田园综合体,不在本次复绿复垦设计范围内。

复垦调形工程、生态复绿工程、生产便道修复工程、危岩治理工程、水生态修复工程及科普教育工程具体布置见下文。

2.5.1　复垦调形工程

本次项目的土石方平场工程,整个平场区域根据矿坑编号进行调形,其中22、23、24号坑总面积为161150.1 m²。本次平场设计以周边地块高程、内部结构物高程及建筑高程作为平场控制标高,综合考虑现状地形、投资、地块的使用效果以及排水等因素进行设计。

1. 设计原则及依据

整治原则为场地设计充分与旅游相结合,避免大开大挖保持挖填平衡,消除场地中矿渣堆体对周边环境的影响及破坏,恢复矿坑复绿基本功能。同时与农业旅游开发相结合。

(1) 不稳定矿渣治理与填方平衡,在不稳定矿渣治理的同时进行填方,减少重复倒运;

(2) 挖(填)方量与运距的乘积之和尽可能为最小,即运输路线和路程合理,运距最短,总土方运输量或运输费用最小;

(3) 合理保留表层耕作土,避免因取土或弃土降低耕地质量;

(4) 土方调配应考虑近期施工与后期利用相结合。

(5) 复垦调形以现状地形及设计地形为依据进行设计。

(6) 平场区域的1:500现状地形图;

(7) 相关施工规范:

《城市道路工程设计规范》(CJJ 37—2012)(2016年版);

《公路路基设计规范》(JTGD 30—2015);

《城镇道路工程施工与质量验收规范》(CJJ 1—2008);

《城乡建设用地竖向规划规范》(CJJ 83—2016);

《建筑地基基础设计规范》(GB 50007—2011)。

2. 设计范围及工程规模

本次土石方平场工程分为三个地块,面积共计约为161150.1 m²。经计算,22号坑不稳定矿渣治理为4326.5 m³,填方为39091.5 m³;23号坑不稳定矿渣治理为46257.5 m³,填方为21077.9 m³;24号坑不稳定矿渣治理为73772.9 m³,填方为88084.6 m³,地块共计不稳定矿渣治理总量为120356.9 m³,填方总量为144454.01 m³(其中包含边坡治理的23841.74 m³)。借土场由业主根据场地建设情况,自行协商解决。

3. 设计原则及计算方法

(1) 在充分理解规划及地块用地性质意图的前提下,根据场地用地性质合理划分地块,确定地块场平标高。

(2) 结合场地周边地块平场高程,合理选取平场控制标高,保证平场土石方量的最优化。

(3) 平场采用方格法进行计算,方格按10 m×10 m进行布设。指定方格四角高程,按四角中线高程计算。

4. 设计主要内容

(1) 根据1:500现状地形图,采集基础数据。

（2）根据地块使用性质确定场平地块标高及平场坡度，计算各地块挖、填方量。

5．场地要求

场地清理：开挖工作开始前必须清理场地，清除开挖工程区域内的全部树木、杂草、废渣及有碍开挖的障碍物，清除包含细根茎、草本植物、覆盖草等的表层有机土壤，清表厚度应满足相关规范要求。清理后的弃土运至业主指定弃土场。

土石方开挖：土石方开挖采取机械开挖。平场范围内，处理后的地基压实度应不小于 90%。

6．土料制备

（1）场地土石料主要来源于场地不稳定矿渣治理区，场地清理所得的土料不得用于回填。

（2）回填土料时应有必要的防雨措施，如覆盖物、周边排水沟等，以保持土料内相对稳定的含水率。

（3）应避免刚开挖出的土料直接回填，确保含水量达到最佳含水量。

7．土料填筑

土石方平场回填要求按以下要求执行：

平场回填密实度不小于 90%。填方区粒径要求控制在不超过径厚的 2/3。场地平整，标高允许偏差范围为（+100 mm，-200 mm），长度宽度允许偏差范围为（+400 mm，-100 mm），允许偏差率不超过 5%。

填土厚度每层不超过 50 cm，分层压实。在接近场地设计高程 2 m 范围内填土厚度每次不超过 30 cm。

土料碾压完成后应立即取样试验，试验合格后方可铺填新料。铺填新料前，对表层需刨毛和洒水处理，然后铺填新料。

压实土料层不应出现漏压层、虚压层、剪切破坏和光面等不良现象，否则应进行返工。

8．工程量

矿坑现状主要为林地和荒地，因土壤地质原因不能用于农业生产，通过场地平整及挖填平衡设计，其中不稳定矿渣治理为 $12.04×10^4$ m³，填方为 $14.45×10^4$ m³（其中包含危岩及破碎带清理的 $2.38×10^4$ m³，图 2.5）。

边坡治理中危岩及破碎带清理的弃渣为 $2.38×10^4$ m³，主要堆放在 24 号。

危岩及破碎带清理的弃渣堆砌后，减少各坑底部区域的高差，更利于场地的使用，同时达到挖填平衡。处理危岩及破碎带清理的方量后场地更为平整，根据回填后的高程及现状地形合理设置排水及挡墙支护。排水设施主要设置在挡墙及道路旁。

2.5.2　生态复绿工程

1．种植土要求

因长期的采石活动，土地资源破坏，导致大量的森林及土地资源遭到严重破坏，使得土壤石漠化不能用于农业生产和植物栽植。

（1）土壤来源及位置：外运、土源位于某片区。

（2）运距：约 10 km。

（3）注意：客土时应防止土源去石化及形成新的边坡等地质灾害。

（4）种植土深度：平均按 50 cm 计算。

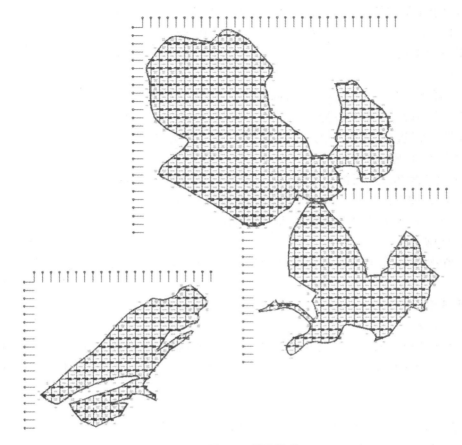

图 2.5　碎石堆放

2. 绿地种植土质要求

（1）栽植基础严禁使用含有害成分的土壤，除有设施空间绿化等特殊隔离地带，绿化栽植土壤有效土层下不得有不适水层。绿地种植土土壤原土过筛，翻耕 25～30 cm，搂平耙细，达到城市绿化工程施工及验收规范最新版中对土壤要求。

（2）土壤 pH 应符合本地区栽植土标准或按 pH 5.6～8.0 进行选择；土壤全盐含量应为 0.1%～0.3%；土壤容重应为 1.0～1.35 g/cm³；土壤有机质含量不应小于 1.5%；土壤块径不应大于 5 cm；栽植土应见证取样，经有资质检测单位检测并在栽植前取得符合要求的测试结果。

（3）种植土深要求：种植区在自然土上，现有土壤不适宜种植时，将表面换为种植土，换土厚度一般应满足：草坪、花卉、草坪地被 30 cm；竹类（中小直径）50 cm；竹类（大直径）80 cm；小灌木、宿根花卉、小藤本 40 cm；大灌木、中灌木、大藤本 90 cm；浅根乔木（胸径小于 20 cm）100 cm，浅根乔木（胸径大于 20 cm）150 cm；深根乔木 180 cm。当种植区位于地下室屋顶或者其他构筑物顶部时，在荷载允许的情况下，植物种植土（建议采用轻质混合土壤）厚度不应小于以下数值：草本地被 15 cm；灌木 45 cm；乔木 80 cm。

（4）种植层须与地下层连接，无水泥板、沥青、石层等隔断层，以保持土壤毛细管、液体、气体的上下贯通。草地要求土深 15 cm 内的土在任何方向上大于 1 cm 的杂物石块应少于 3%；花树木要求土深内的土任何方向上大于 3 cm 的杂物石块少于 5%。

（5）换土后应压实，使密实度达 80% 以上，以免因沉降产生坑洼。

3. 植物设计依据

（1）方案设计。

（2）设计任务书及《建筑工程设计合同》。

（3）本阶段的设计要求及各种有关设计的基础资料。

（4）国家有关设计规范及当地地方规范：

《城市道路绿化规划与设计规范》（CJJ 75—97）；

《城市绿化和园林绿地用植物材料——木本苗》（CJ/T 24—1999）；

《城市园林苗圃育苗技术规程》（CJ/T 23）；

《园林绿化工程施工及验收规范》（CJJ 82—2012）。

4. 设计原则

以本地植物为主、落叶与常绿搭配、体现四季景观。主要目的为春观花、夏尝果、秋看叶、冬观雪。

5. 种植要求

（1）定点放线。

按施工平面图所标具体尺寸定点放线；如为不规则造型，应按方格网法及图中比例尺寸定点放线。图中未标明尺寸的种植，按图比例依实放线定点。要求定点放线准确，符合设计要求。

（2）挖穴。

按设计的土球规格，挖坑时应根据植株土球的大小进行。坑的大小为植株土球大小再加 20～30 cm，穴深为穴径的 3/4～4/5；栽裸根苗的穴应保证根系充分舒展，挖坑过程中，如出现坑底有大石块，影响植物的生长，要进行换土工作；挖坑完毕，应用少量细土填到坑中，坑壁应保持垂直。

（3）当遇到种植池小于所种乔木土球时，应先进行乔木种植再进行硬景施工。

（4）道路行道树最小株距为 5 m，树干中心至路缘石外侧最小距离为 0.75 m。广场树木枝下净空应大于 2.2 m。停车场枝下净空小型车 2.5 m，中型车 3.5 m，载货车 4.5 m。

（5）种植时首先检查各种植点的土质是否符合设计要求，有无足够的基肥、基肥是否与泥土充分拌匀等。值得注意的是，底肥与土球底在种植时接触间应铺放一层约 10 cm 厚没有拌肥的干净植土。在干旱少雨地区，应给植物保留一个低于草坪面 3 cm 左右的蓄水圈，以利植物吸收水分。

（6）乔木种植时，要去除根部包扎的草绳。回填土时，要分层夯实，使回填土与根部紧密结合，有利于根部生长，填土至 2/3 时，围堰浇足水，第二天再补一次水后，覆土整平。转入正常养护。要求基肥应与碎土充分混匀；种植土应击碎分层捣实，使根系舒展并与土充分接触，竹类种植深度可比原种植线深 5～10 cm。

（7）乔木种植时，应根据人的最佳观赏点及乔木本身的阴阳面来调整乔木的种植面。将乔木的最佳观赏面正对人的最佳观赏点，同时尽量使乔木种植后的阴阳面与乔木本身的阴阳面保持吻合,以利植物尽快恢复生长。应采取扶固措施,同时不易腐烂的包装物必须拆除。设计内容:边坡、复绿结合方案主题突出果树主题,以疏林草地为主。

6.种植分类

该区域分为边坡绿化、背景林、繁花林、蓄水池、阳光草坪。

(1)边坡绿化:选用藤本攀岩植物爬山虎和垂吊植物九重葛相结合复绿崖壁。爬山虎适应性强,占地少、生长快,绿化覆盖面积大。九重葛性喜充足、高燥排水良好之环境。耐热,耐寒,耐瘠,耐修剪,抗风,抗旱、抗污染、容易移植、观赏价值高。

(2)背景林:选用生长快速,适应能力强、耐干旱的先锋树种马尾松为背景林。下灌搭配色叶观花、观果、耐贫瘠、生命力强的火棘。灌木密度按灌木规格种植后不露土为原则。

(3)繁花林:繁花林选用植物品种以春花为主,选用晚樱、红叶桃、红枫等彩色植物搭配常绿植物桂花丰富四季景观。

(4)蓄水池:以水葱与水生植物搭配增加野趣,选用品种有雨久花、肾蕨等。

(5)阳光草坪:以红枫为背景,麦冬点缀点景大乔如:黄葛树、桂花等。

(6)工程量:乔木数量统计表和灌木地被面积表如表2.2和表2.3所示。

表2.2　乔木数量统计表

序号	名称	规格				数量(株)	备注
		胸径(cm)	高度(cm)	冠幅(cm)	枝下高(cm)		
1	黄葛树	25~28	500~600	400~500	250~280	22	树形优美
2	香樟树	12	400~500	250~300	100~150	41	树形优美
3	桂花	10~12	250~300	250~300	80~100	27	树形优美
4	红叶李	6~8	180~220	150~180	100	100	树形优美
5	晚樱	7~8	300~350	300~350	120	351	树形优美
6	红叶桃	6~8	100~150	100~150	80~100	436	树形优美
7	红枫	6~8	100~150	100~150	—	1076	树形优美

表2.3　灌木地被面积表

序号	名称	规格(cm)		密度	面积(m²)	备注
		高度	冠幅			
1	金边女贞	25~35	25~30	49株/m²	4366	株型饱满,修剪整齐
2	肾蕨	25~35	15~20	49株/m²	4285	株型饱满密实
3	火棘	30~40	25~30	49株/m²	7233	株型饱满密实
4	柳叶马鞭草	—	—	—	1238	草籽
5	波斯菊	—	—	—	2399	草籽
6	麦冬	—	—	—	98348	>2 kg/m²

续表

序号	名　称	规格（cm）		密度	面积（m²）	备　注
		高度	冠幅			
7	水葱	50～60	—	25株/m²	386	5～8芽一丛
8	黄菖蒲	40～50	—	16株/m²	407	自然形
9	雨久花	30～50	—	36株/m²	565	自然形
10	鸢尾	20～30	—	36株/m²	785	自然形
11	美人蕉	50～60	40～50	16株/m²	519	株型饱满,自然形
12	爬山虎	—	—	9株/m	2428	攀爬植物
13	九重葛	150～200	—	9株/m²	1337	垂吊植物
14	迎春	150～200	—	9株/m²	21	垂吊植物
15	狗牙根＋大花金鸡菊	—	—	—	9145	>30 g/m²

2.5.3　生产便道修复工程

利用现状便道,设置不同规格的农业便道、农业机械停靠点及便民设施休息点,形成环线为矿坑公园旅游打下基础。其中新增农业生产便道5681.51 m;农业机械停靠点3处面积约为9067.7 m²;便民设施休息点面积约为10052.5 m²,卫生间1个。

矿坑生产便道分为车行生产道路与人行生产道路,车行生产道路宽分别为6 m、3 m。其中6 m宽道路总长约为361.7 m;3 m宽道路总长约为1228.5 m。人行生产道路作为次级道路,连接各处节点,人行生产道路宽分别为0.9 m、1.2 m、1.5 m、1.8 m、2.4 m、2.8 m、3 m、6.2 m,其中0.9 m宽道路总长约为780.6 m;1.2 m宽道路总长约为183.8 m;1.5 m宽道路总长约为285.01 m;1.8 m宽道路总长约为912.9 m;2.4 m宽道路总长约为974.4 m;3 m宽道路总长约为518.8 m。

结合项目方案设计,将生产便道面层划分为以素混凝土地面为主,彩色混凝土和砾石散置便道,其中彩色混凝土便道长约809.5 m,砾石的便道长约178.5 m。

生产便道修复表如表2.4所示。

道路宽度设计原则:

1. 农业机械生产道(车行)

农业机械生产道宽度分别为3 m和6 m。其中6 m生产便道主要位于23号坑,利用现状便道形成环道,长度为361.7 m。3 m生产便道主要位于22号坑,结合后期露营基地设置便道为旅游交通打地。

2. 农业机械生产道(人行)

人行农业机械生产道根据步行交通体系、结合后期旅游规划和流量,将人行便道分为5个宽度体系,分别为0.9 m、1.2 m、1.5 m、1.8 m和3 m。

表2.4 生产便道修复表

类　　型	宽度（m）	长度（m）	汇总（m）
农业机械生产道（车行）	3	1228.5	1590.2
	6	361.7	
农业机械生产道（人行）	0.9	780.6	2681.11
	1.2	183.8	
	1.5	285.01	
	1.8	912.9	
	3	518.8	
乡村步道（人行）	2.4	974.4	1410.2
	2.8	435.8	
农业机械停留点	3处（178个）		
便民休息点	10052.5 m²		

3. 乡村步道

乡村步道主要位于场地北侧，路幅宽度为2.4 m和2.8 m。在现状步道的基础上设置2.8 m宽南北走向步道，长为435.1 m。以2.8 m路幅宽度的步道主要为乡村步道，设置长为974.4 m、宽为2.4 m的乡村步道体系，为乡村旅游道路体系打基础。

结合场地设置卫生间1个，面积为154 m²。

2.5.4 危岩治理工程

1. 防治工程等级

本次工程区危岩直接威胁危岩体所在底部平台区的安全，对场地的后期利用产生不利影响，造成的潜在经济损失较大，社会影响较大，依据《地质灾害防治工程勘察规范》（DB 50/143—2016）规定，地质灾害防治工程等级确定为Ⅱ级。

参照国家有关标准对钢筋等建筑材料使用寿命的规定综合确定其防治工程的使用年限为50年。

2. 原则及依据

采用"危岩体、坡面破碎带清除＋场地整平＋客土复绿复林绿化＋监测"的综合整治方案进行治理，以达到彻底治理矿山地质环境问题、生态重建、环境修复的目的。

相关标准和规范如下：

《地质灾害防治工程勘察规范》（DB 50/T 143—2018）；

《地质灾害防治工程设计标准》（DB 50/T—029—2019）；

《建筑抗震设计规范》（GB 50011—2010局部修订版）（2016年版）；

《中国地震动参数区划图》(GB 18306—2015);

《建筑边坡工程技术规范》(GB 50330—2013)。

结合工程调(勘)查报告中危岩体崩落距离预测表(表2.5)和业主要求以及方案设计,确定22~24号坑适于后期规划旅游做基础的区域,从安全和后期规划旅游价值上考虑,在治理危岩的基础上结合植物措施进行隔离。

表2.5 危岩体崩落距离预测表

危岩体编号	水平(m)	垂直(m)
W1	125.38	17.27
W2	145.21	60.78
W3	163.11	32.78
W4	232.41	44.68
W5	135.24	45.62
W6	141.62	35.68
W7	119.28	46.32
W8	128.74	36.52
W9	152.68	34.67
W10	142.33	29.86
W11	171.32	48.62
W12	116.32	46.23
W13	85.32	31.54
W14	165.32	58.12
W15	171.25	39.65
W17	87.55	24.33
W18	112.78	34.23
W19	175.21	30.05
W20	102.36	22.38
W21	69.12	25.38

3. 设计荷载组合

考虑现状工况(工况1)和暴雨工况(工况2)。现状工况(工况1)为勘查期间的状态,荷载组合为自重;暴雨工况(工况2)应是强度重现期为二十年的暴雨,荷载组合为自重＋裂隙水压力。

裂隙充水高度取裂隙深度的1/3~1/2。

4. 安全系数及稳定状态判定标准

危岩的破坏模式,根据《勘查报告》:滑移式危岩共10处(W1~W3、W7、W11、W12、W15、W16、W19、W21);倾倒式危岩共有11处(W4~W6、W8~W10、W13、W14、W17、W18、W20)。

安全系数:危岩防治工程等级为Ⅱ级,对滑移式危岩安全系数取1.30,倾倒式取1.40。

5. 坡率法放坡设计

BP24-1:边坡坡顶破碎带区域,按照1∶0.5坡率放坡,Ⅰ区坡顶构筑物为水池瀑布区域,该区域采用人工清除坡表破碎岩体,清坡厚度为0.3 m。Ⅰ区坡顶无重要构筑物,采用人工清除坡表表面破碎岩体。坡顶设置护栏。

BP24-2:边坡坡体较破碎,采用"坡率法放坡+截排水沟+护栏"的治理工程,坡率法放坡自坡顶由上而下分级进行,放坡坡率为1∶0.35,台阶高度为10.00 m,马道宽度为2.00 m。

BP24-3:边坡坡体较破碎,采用"坡率法放坡"的治理工程,坡率法放坡自坡顶由上而下进行,放坡坡率为1∶0.75 。

护栏:护栏为生态仿木护栏,长度为467 m,高度为1.2 m。

其余11段边坡采用人工清除坡表面破碎岩体。

6. 边坡破碎带及危岩清除

边坡破碎带及危岩采用人工清除的方式,清除施工不得使用爆破,以免爆破飞石危及保护对象,同时避免爆破震动对后侧岩体的扰动;清除施工前,应采取有效的施工临时脚手架等防护措施,避免清除过程中的落石危及危岩下方保护对象和施工人员的安全;清除的岩体应及时转运至稳定场地,不得随意堆弃,以免成为次生不稳定地质体。

工程区内三个矿坑周围形成了BP22-1~BP22-6、BP23-1~BP23-4、BP24-1~BP24-4共14段矿山岩质边坡,总长为1891.55 m,高度为2.3~78.5 m,坡度为42°~82°,坡体物质组成为薄-中厚层状石灰岩,夹少许白云质灰岩,破表破碎。边坡带上分布21个危岩单体,各危岩单体体积为24.04~1114.75 m³,总方量为7692.58 m³,属中型-特大型危岩带;危岩体相对高度为3~20 m,属低-中位危岩体;危岩单体破坏模式包括滑移式、倾倒式。

边坡概况统计表如表2.6所示。

治理工程采用"清除+坡率法放坡+护栏"的治理措施,对不同的危岩单体根据规模、形态、破坏模式等采用不同的治理手段,详述如表2.7所示。

表 2.6　边坡概况统计表

边坡编号	边坡概况及典型剖面图	结构面赤平投影分析图	边坡赤平投影分析	边坡照片
BP22-1	岩质边坡,边坡呈直线形,边坡高度为 20.15~50.31 m,坡长约为 200.32 m,边坡平均高度约为 33.43 m。坡向为 129~141°,坡角为 41~70°,碎裂岩块厚度为 1~2.5 m,典型剖面见 4-4′、28-28′、2-2′、27-27′、3-3′剖面图	1. 层面产状:310° ∠27° 2. 裂隙L1:152° ∠62° 3. 裂隙L2:40° ∠79° 4. BP22-1面产状:136° ∠65° BP22-1结构面赤平极射投影图	该段边坡为逆向坡,裂隙 1 结构面外倾临空,可能出现的破坏模式为沿裂隙 1 结构面出现滑移式破坏。边坡岩体分类为Ⅳ类,边坡破裂角为 66°,等效内摩擦角为 72°	
BP22-2	岩质边坡,边坡呈折线形,高达 5.1~10.4 m,坡长约 115 m,平均高度约为 7.5 m,坡向为 55~69°,坡角为 61~74°,坡面碎裂岩块厚度为 1~1.5 m,典型剖面见 7-7′、13-13′、19-19′剖面图	1. 层面产状:299° ∠20° 2. 裂隙L1:126° ∠56° 3. 裂隙L2:298° ∠71° 4. BP22-2产状:60° ∠70° BP22-2结构面赤平极射投影图	该段边坡为逆向坡,无外倾不利结构面及其组合,可能出现的破坏模式为边坡表面破碎岩体出现局部崩落掉块。边坡岩体分类为Ⅳ类,边坡破裂角为 66°,等效内摩擦角为 72°	
BP22-3	岩质边坡,边坡呈折线形锯齿状,左段边坡平均高度为 6 m,右段边坡平均高度为 12 m,坡长约为 95.78 m,坡向为 330°~352°,坡角为 37°~48°,坡面碎裂岩块厚度为 0.5~1.2 m,典型剖面见 4-4′、11-11′剖面图	1. 层面产状:306° ∠20° 2. 裂隙L1:182° ∠74° 3. 裂隙L2:69° ∠86° 4. BP22-3产状:139° ∠42° BP22-3结构面赤平极射投影图	该段边坡为逆向坡,无外倾不利结构面及其组合;裂隙 2 倾向为主滑动方向,裂隙 1 为切割面;边坡易沿裂隙 1 面产生崩落掉块;该边坡整体属于稳定边坡。边坡岩体分类为Ⅳ类,边坡破裂角为 66°,等效内摩擦角为 72°	

续表

边坡编号	边坡概况及典型剖面图	结构面赤平投影分析图	边坡赤平投影分析	边坡照片
BP22-4	岩质边坡,平面形态呈折线形,坡长约为175.6 m,平均高度约为9.8 m,坡向为241~352°;坡角为68~75°。坡面碎裂岩块厚度为0.8~1.0 m,典型剖面见16-16',17-17',18-18'剖面图	1.层面产状:302° ∠18° 2.裂隙L1:280° ∠75° 3.裂隙L2:140° ∠710° 4.BP22-4产状:246° ∠72° BP22-4结构面赤平极射投影图	该段边坡为切向坡,无不利外倾结构面及其组合;裂隙1为切割面,边坡易沿裂隙1面产生崩落掉块;该边坡整体属于基本稳定边坡。边坡岩体分类为Ⅲ类,边坡破裂角为66°,等效内摩擦角为72°	
BP22-5	岩质边坡,平面形态呈折线形,局部呈锯齿状,左段边坡平均高度约为15.5 m;右段边坡长约68 m,其中下级边坡分为上下两级,上级边坡平均高度约为5.3 m,长度为45 m,上级边坡高度为3.05~6.38 m,长度约54 m。左段边坡坡向为320~331°,坡度为59~65°,右段边坡向为29~37°,坡面碎裂岩块厚度为0.5~1.5 m,典型剖面见3-3',27-27'剖面图	1.层面产状:299° ∠19° 2.裂隙L1:116° ∠66° 3.裂隙L2:174° ∠65° 4.BP22-5产状:320° ∠62° BP22-5结构面赤平极射投影图	该段边坡为顺向坡,层面倾临空,可能存在沿层面整体滑移破坏的可能性。两组裂隙交点位于坡面投影弧面对侧,组合交线倾向与坡面倾向近似相反,其组合面有利于坡面稳定;易出现局部塌落掉块现象及边坡表面碎裂石崩落。边坡岩体分类为Ⅲ类,边坡破裂角为66°,等效内摩擦角为62°	

续表

边坡编号	边坡概况及典型剖面图	结构面赤平投影分析图	边坡赤平投影分析	边坡照片
BP22-6	岩质边坡，平面形态大致呈折线锯齿形，边坡长为132.54 m，高为5.4~25.6 m。坡向为222°~235°，坡角为58°~65°，坡面碎裂岩块厚度小于1 m，典型剖面见7-7′,13-13′剖面图	1. 层面产状：301° ∠19° 2. 裂隙L1：122° ∠47° 3. 裂隙L2：63° ∠73° 4. BP22-5产状：225° ∠62° BP22-6结构面赤平极射投影图	该段边坡为逆向坡，无外倾不利结构面及其组合；裂隙2倾向为主滑动方向，裂隙1为切割面，该边坡易沿裂隙1面产生崩落转块；该边坡属于稳定边坡。边坡岩体分类为Ⅲ类，边坡破裂角为66°，等效内摩擦角为72°	
BP23-1	岩质边坡，平面形态呈折线形，边坡长度约为138.9 m，高达10.53~32.46 m。坡向为35°~46°，坡角为75°~82°，坡面碎裂岩块厚度为0.5~1.1 m。典型剖面见8-8′,15-15′,23-23′,26-26′剖面图	1. 层面产状：141° ∠22° 2. 裂隙L1：75° ∠55° 3. 裂隙L2：10° ∠61° 4. BP23-1产状：41° ∠80° BP23-1结构面赤平极射投影图	该段边坡为逆向坡，裂隙1与裂隙2的组合交线产状为52.8° ∠52.9°，倾向于坡外，易出现局部楔形体崩塌失稳现象；边坡岩体分类为Ⅲ类，边坡破裂角为66°，等效内摩擦角为62°	

续表

边坡编号	边坡概况及典型剖面图	结构面赤平投影分析图	边坡赤平投影分析	边坡照片
BP23-2	岩质边坡。平面形态呈折线形。左段边坡长约为 136.9 m,高度为 7.3~35.9 m,坡度为 59°~69°;右段边坡长约 88.4 m,高度为 9.3~18.5 m,坡度为 60°~70°;坡向为 306°~312°,坡面碎裂岩块厚度为 0.5~0.9 m。典型剖面见 1-1′,3-3′,22-22′,25-25′剖面图	BP23-2 结构面赤平极射投影图 1. 层面产状: 141°　∠26° 2. 裂隙L1: 97°　∠84° 3. 裂隙L2: 218°　∠80° 4. BP23-2产状: 307°　∠67°	该段边坡为逆向坡,无不利外倾结构面,裂隙 1 与裂隙 2 的组合交线产状为 165.6°∠73.9°,倾向干坡外,易出现局部坡体崩塌形变的现象;边坡岩体分类为Ⅲ类,边坡破裂角为 66°,等效内摩擦角为 62°	
BP23-3	岩质边坡,平面形态呈折线形,高度为 2.3~18.7 m,坡度为 67°~74°,边坡长约为 51.5 m,坡向为 220°~225°,坡面碎裂岩块厚度为 0.5~1.5 m,典型剖面见 8-8′,23-23′剖面图	BP23-3 结构面赤平极射投影图 1. 层面产状: 101°　∠28° 2. 裂隙L1: 312°　∠76° 3. 裂隙L2: 236°　∠79° 4. BP23-3产状: 221°　∠69°	该段边坡为逆向坡,裂隙 2 结构面外倾不临空,不存在不利外倾结构面及其组合,可能出现的破坏模式为存在局部的破坏及碎石崩落的同题。边坡岩体分类为Ⅲ类,边坡破裂角为 66°,等效内摩擦角为 62°	

边坡编号	边坡概况及典型剖面图	结构面赤平投影分析图	边坡赤平投影分析	边坡照片
BP23-4	岩质边坡,平面形态呈直线形,该边坡分为上、下两级,上级边坡长约为99.5 m,边坡顶部高程为595.17~599.84 m,底部高程为586.03~589.12 m,平均高度为9.3 m,坡度为68°~75°,坡向为119°~131°;下级边坡长约为124.35 m,平均高度约为15.68 m,坡度为69°~72°,坡向为120°~125°;坡面破碎裂岩块厚度为0.5~1.3 m。典型剖面见1-1'、9-9'、36-36'剖面图	1. 层面产状:302° ∠14° 2. 裂隙L1:310° ∠79° 3. 裂隙L2:210° ∠83° 4. BP23-4产状:126° ∠70° BP23-4 结构面赤平极射投影图	该段边坡为逆向坡,无不利外倾结构面,裂隙1与裂隙2的组合交线产状为270.7° ∠75.9°,易出现局部楔形体崩塌失稳现象;边坡岩体分类为Ⅲ类,等效内摩擦角为66°,等效内摩擦角为62°	
BP24-1	岩质边坡,平面形态呈折线形,该边坡长约为147.7 m,边坡顶部高程为604.11~643.31 m,底部高程为550.94~566.90 m,高度为33.0~78.5 m,坡度为75°,坡向为142°~146°;坡面破碎裂岩块厚度为1~1.5 m。典型剖面见1-1'、21-22'剖面图	1. 层面产状:300° ∠24° 2. 裂隙L1:130° ∠63° 3. 裂隙L2:225° ∠84° 4. BP24-1产状:144° ∠75° BP24-1 结构面赤平极射投影图	该段边坡为逆向坡,裂隙1结构面外倾临空,裂隙1与裂隙2的组合交线产状为146.4° ∠62.0°,倾向于坡外,根据现场调查,LX1未贯通,坡面可能出现局部块掉现象;边坡岩体分类为Ⅲ类,边坡破裂角为66°,等效内摩擦角为62°	

续表

边坡编号	边坡概况及典型剖面图	结构面赤平投影分析图	边坡赤平投影分析	边坡照片
BP24-2	岩质边坡,平面形态呈直线形,边坡长为 159.31 m,高为 23.1～76.3 m,坡向为 23°,坡角为 79°～83°,坡面碎裂岩块厚度为 0.6～1.2 m。典型剖面见 7-7′,13-13′,19-19′ 剖面图	1. 层面产状:301° ∠20° 2. 裂隙L1:180° ∠81° 3. 裂隙L2:110° ∠83° 4. BP24-2产状:23° ∠82° BP24-2 结构面赤平极射投影图	该段边坡为逆向坡,无不利外倾结构面;两组裂隙组合交线倾向与坡面倾向近似相反,其组合面干滑面稳定;边坡岩体分类为Ⅱ类,边坡破裂角为 66°,等效内摩擦角为 72°	
BP24-3	岩质边坡,平面形态呈直线形,该段边坡有上、下两级边坡,上级边坡长约为 55.1 m,平均高度为 6.8 m,坡度为 69°～75°,坡向为 315°～320°;下级边坡长约为 27.85 m,平均高度为 3.39 m,坡度为 75°,坡向为 317°,坡面碎裂岩块厚度为 0.7～1.3 m。典型剖面见 10-10′,22-22′ 剖面图	1. 层面产状:302° ∠16° 2. 裂隙L1:80° ∠72° 3. 裂隙L2:184° ∠81° 4. BP24-3产状:317° ∠55° BP24-3 结构面赤平极射投影图	该段边坡为顺向坡,层面外倾临空,可能存在沿层面整体滑移破坏的可能性;两组裂隙组合交线倾向与坡面倾向近似相反,其组合面稳定;边坡岩体分类为Ⅲ类,边坡破裂角为 66°,等效内摩擦角为 62°	
BP24-4	岩质边坡,平面形态呈折线锯齿形,左段边坡长约为 118.5 m,平均高度为 39.3 m,坡度为 70°～75°,坡向为 248°～252°;右段边坡长约为 74.5 m,平均高度约为 9.3 m,坡向为 251°,坡度角为 73°,坡面碎裂岩块厚度为 1～1.6 m。典型剖面见 6-6′,13-13′,19-19′ 剖面图	1. 层面产状:296° ∠27° 2. 裂隙L1:110° ∠64° 3. 裂隙L2:140° ∠79° 4. BP24-4产状:251° ∠73° BP24-4 结构面赤平极射投影图	该段边坡为切向坡,无外倾不利结构面及其组合,可能出现的破坏模式为边坡表面破碎岩体出现局部崩落掉块现象。边坡岩体分类为Ⅲ类,边坡破裂角为 66°,等效内摩擦角为 62°	

表 2.7 治理方案一览表

编 号	治 理 方 案	清危放量(m³)	坡表清除面积(m²)
W1	人工清除	223.13	—
W2	人工清除	100.8	—
W3	人工清除	156.8	—
W4	人工清除	182	—
W5	人工清除	717.6	—
W6	人工清除	146.25	—
W7	人工清除	67.5	—
W8	人工清除	270	—
W9	人工清除	84	—
W10	人工清除	99	—
W11	人工清除	490	—
W12	人工清除	540	—
W13	人工清除	624	—
W14	人工清除	416	—
W15	人工清除	108	—
W16	人工清除	542.5	—
W17	人工清除	936	—
W18	人工清除	1155	—
W19	人工清除	90	—
W20	人工清除	72	—
W21	人工清除	672	—
BP22-1	人工清除坡表破碎岩体	—	14743.15
BP22-2	人工清除坡表破碎岩体	—	1133.03
BP22-3	人工清除坡表破碎岩体	—	1083.54
BP22-4	人工清除坡表破碎岩体	—	1561.72
BP22-5	人工清除坡表破碎岩体	—	4645.16
BP22-6	人工清除坡表破碎岩体	—	3124.93
BP23-1	人工清除坡表破碎岩体	—	11432.22
BP23-2	人工清除坡表破碎岩体	—	5922.69

续表

编　　号	治　理　方　案	清危放量（m³）	坡表清除面积（m²）
BP23-3	人工清除坡表破碎岩体	—	1514.93
BP23-4	人工清除坡表破碎岩体	—	4669.98
BP24-1	人工清除坡表破碎岩体（BP24-1Ⅰ区/BP24-1坡顶区域）	4125.57	—
BP24-1	人工清除坡表破碎岩体	—	15012.20
BP24-2	坡顶坡率法放坡（机械清方）（BP24-2Ⅰ区）	9529.96	—
BP24-2	人工清除坡表破碎岩体	—	6341.93
BP24-3	坡顶坡率法放坡（机械清方）	2493.63	—
BP24-4	人工清除坡表破碎岩体	—	3482.85

7．工程量

治理工程推荐方案工程量如表 2.8 所示。

表 2.8　危岩防治工程量汇总一览表

序号	项　　　　目	单位	工程量	备　　注
1	清除危岩及边坡破碎带	—	—	—
1.1	人工清危岩	m³	7692.58	—
1.2	人工清除边坡破碎带（BP24-1坡顶区域）	m³	4125.57	—
1.3	人工清边坡破碎带	m²	24889.45	—
1.4	机械清方（BP24-2区/BP24-3）	m³	12023.59	—
1.5	石方转运	m³	23841.74	场内转运 100 m
2	护栏	m	467	—
2.1	挖基础石方（0.3 m×0.3 m×0.3 m）	m³	6.30	—
2.2	基础墩 C25 砼	m³	6.30	—
2.3	立柱 C25 砼	m³	8.80	—
2.4	∅20 mm 钢筋	t	2.33	—
3	脚手架	—	—	—
3.1	脚手架	m²	2756.00	双排
3.2	脚手架	m²	6203.60	三排
3.3	脚手架锚钉（垂直、水平、斜向）连墙件 3 m×3 m，竖直间距为 1.5 m，∅91 mm（1∅25 mm 锚筋 $L=2.0$ m）锚钉	t	9.65	—
3.4	∅91 mm 锚孔	m	3130.72	—

续表

序号	项　　　　目	单位	工程量	备　　注
3.5	M30 水泥砂浆	m³	20.35	—
5	临时工程	—		
4.1	施工用水	km	0.5	—
4.2	施工用电	km	0.5	—
4.3	临时仓库、办公用房	m²	200	—
4.4	材料二次转运(水平)	m	200	—
4.5	材料二次转运(垂直)	m	40	—

8. 危岩、坡面清理后巡查要求

为确保危岩体清除后母岩体的稳定性,针对规模大的危岩体 W5、W12、W13、W14、W17、W18,在母岩顶部设置 6 个监测点,水平位移采用极坐标法。治理工程竣工监测至稳定 2 个水文年。

观测数据的整理分析:利用该观测数据判定危岩的位移情况,将水平与垂直位移填记在"观测报表"中,绘制其历时位移曲线图,分析预测其动态变化趋势,为滑坡变形预报预警及工程治理服务(表 2.9)。

表 2.9　监测工作量统计表

监测内容	工作量(点)	监　测　频　率	监　测　期　限
监测基准点	6	—	治理工程竣工监测至稳定2 个水文年
监测点	6	—	
危岩体裂缝监测	6	施工期间 3 天/次,竣工后每隔10~15 天/次	
边坡巡视监测	—	施工期间 2 次/天,竣工后雨季10 天/次,旱季 15 天/次	长期监测
雨量监测	1	遇雨天观测	长期监测

9. 危岩治理植物处理措施

对矿区边坡、矿坑底部进行绿化防护,不仅能有效地防止水土流失、美化和改善矿区生态环境,还能限制人群活动范围,消除存在的安全隐患。植物选用生长快速,适应能力强、耐干旱的先锋树种马尾松为隔离防护背景林,林下灌木搭配色叶观花、观果、耐贫瘠、生命力强的火棘。

10. 挡墙工程

因不稳定矿渣回填后场地地形发生改变,形成新的高差分界线。结合现状地形、复绿复垦设计原则,并考虑后期乡村旅游规划景观效果,对场地采用 1:2 自然放坡(生态)、挡墙、以及两侧结合的方式进行场地高差处理。结合场地功能及景观效果将挡墙的主要功能划分为两种：纯解决高差类(浆砌片石混凝土)、解决高差＋景观类(石笼和生态护坡)。

挡墙共 3 种形式，主要位于场地旁。主要采用混凝土挡墙和块石堆砌进行景观打造，局部景观节点点缀石笼挡墙，增加景观的趣味性。其中浆砌片石混凝土挡墙长约为 118.3 m、石笼挡墙长约为 222.4 m、生态护坡长约为 1388.2 m。

(1) 混凝土挡墙：长约为 118.3 m。

(2) 石笼挡墙：长约为 222.4 m。

① 适用于本项目重力式路肩挡土墙，本图尺寸除注明外均以 cm 为单位。

② 挡墙基础应采用固结大于 5 年以上的老土、换填碎石或基岩。

③ 挡墙墙体材料采用 C20 片石混凝土，要求片石含量不得超过 20%，粒径不得大于 30 cm，片石强度等级不低于 Mu30。

④ 挡墙构造要求：

· 挡墙墙背通常设置 $\varnothing$100 mm 软式透水管，纵向坡度为 1%～2%，通过横向 $\varnothing$100 mm PVC 管就近接入道路排水系统。

· 挡墙基础以强风化岩层或原状土层为持力层，2 m 以下挡墙基础埋置深度应不小于 0.8 m，2 m 以上基础埋置深度不小于 1 m，挡墙基底为填土层时，基底应夯实，密实度不小于 93%。若基底承载力不满足设计要求时，应采用碎石换填，换填层宽度按挡墙墙趾、墙踵处各延出 0.5 m，换填后各项指标应满足设计要求。

· 挡墙每隔 10 m 左右或地质变化处设一沉降缝，缝宽 2～3 cm，自墙顶做到基地，缝内用沥青麻丝填塞，填塞深度大于 30 cm。

· 基础开挖时应跳槽开挖，并注意基坑的支护，基底达到设计要求应立即封底，墙后填土采用透水性好的材料回填。

· 挡墙强度达到 80% 以上时，方可回填，墙背填土应分层碾压，碾压后密实度应满足道路路基设计要求。

⑤ 挡墙的高度确定，应满足挡墙的基础埋置深度、襟边宽度、地基承载力三项指标要求。

⑥ 当挡墙高度不为整数时，按大一级整数选取相应的尺寸断面。

⑦ 挡墙不适用于浸水地段、地质不良地段。

⑧ 其他未尽事宜施工时严格按相关规范实施，实际情况与设计不符，应通知设计单位进行调整。

(3) 生态护坡：长约为 1388.2 m。

2.2.5　水生态修复工程

为解决场地范围内的植物灌溉用水问题，通过增设排水沟将场地内雨水接入新增蓄水池中，以满足场地灌溉等用水。其中新增蓄水池 6 处，面积约为 4064 m²；增设排水沟约 5932.2 m。整合场地现状水渠体系及新建蓄水池为旅游打下景观水系基础。其中蓄水池的水源为地下水(现状溪沟起点处)和排水沟收集的地表水。生态灌溉渠的水源为地下水(现状溪沟起点处)。通过设置沟渠和阀门控制地下水流向蓄水池和生态灌溉渠。在蓄水池之间通过设置水渠和阀门控制瀑布景观。

水生态修复工程包含排水沟、生态灌溉渠及蓄水池 3 方面内容,蓄水池结合场地地形,将水池设置在各坑低洼处,通过排水沟将水源及周边地表径流汇入蓄水池,并将蓄水池作为灌溉水源。

生态灌溉渠利用现状水渠,并对现状水渠进行景观整合处理,采用土工布防渗处理。蓄水池采用钢筋混凝土结构并采用 K11 防水涂料进行水池防渗处理。

1. 排水沟工程

(1)排水沟平面布置

根据设计,本项目主排水沟总长为 2618.3 m,次排水沟总长为 2492 m;排水暗沟总长为 506.4 m。

排水沟统计表如表 2.10 所示。

表 2.10 排水沟统计表

编号	主沟(m)	次沟(m)
1 号	1325.2	275.4
2 号	199.3	113.1
3 号	49.4	430.2
4 号	38.5	104.5
5 号	503.6	34.3
6 号	293.4	58.4
7 号	131.6	22.3
8 号	119.5	152.1
9 号	—	22.4
10 号	—	28.9
11 号	—	18.7
12 号	—	18.2
13 号	—	55.5
14 号	—	29.7
15 号	—	493.7
16 号	—	145.6
17 号	—	178.3
18 号	—	65.5
19 号	—	27.9
20 号	—	34.5
合计	2618.3	2492

(2)水力设计

设计降雨按 20 年一遇设计,50 年一遇校核。

① 设计频率地表水汇流量设计

由于各沟集雨面积均小于 3 km²,采用下式计算:

$$Q_p = \varphi S_p F$$

式中,Q_p:设计频率地表水汇流量,单位为 m³/s;

　　φ:径流系数;

　　S_p:设计降雨雨强,单位为 mm/h;

　　F:汇水面积,单位为 km²。

如前所述,滑坡区 20 年一遇暴雨强度为 72.4 mm/h,50 年一遇暴雨强度为 87.2 mm/h;各沟集雨面积见表 2.11;据滑坡区地形、植被和土壤情况查水文手册,取径流系数为 0.3。据此求得各排水沟 20 年一遇和 50 年一遇暴雨条件下的地表汇流量如表 2.11 所示。

表 2.11　排水沟设计地表汇流量计算表

名　称	汇水面积(km²)	径流系数	设计降雨强度(mm/h)		地表汇流量(m³/s)	
			$P = 5\%$	$P = 2\%$	$P = 5\%$	$P = 2\%$
主排水沟	0.016	0.3	72.4	87.2	0.66	0.80
次排水沟	0.006	0.3	72.4	87.2	0.60	0.73

注:P:年超越概率。

② 排水沟过流量

计算公式为

$$Q = wC\sqrt{Ri}$$

式中,Q:允许过流量,单位为 m³/s;

　　w:过流断面面积,单位为 m²;

　　C:流速系数,单位为 m/s;

　　R:水力半径,单位为 m;

　　i:水力坡降,单位为(°)。

其中,流速系数

$$C = \frac{R^{\frac{1}{6}}}{n}$$

$$R = \frac{A}{X}$$

式中,C:流速系数,单位为 m/s;

　　n:糙率;

　　A:排水沟有效过水断面面积,单位为 m²;

　　X:湿周,单位为 m。

地表排水工程设计安全超高 0.2 m。

据计算,设计截面均可满足设计频率下汇流量过流的需要,具体如表 2.12。

(3)结构设计

断面尺寸设计:脚墙外侧设排水沟采用梯形断面,宽 0.6 m,深 0.8 m,沟壁采用 C15 砼浇筑,厚 0.2 m。

沟渠衬砌:渠底采用 C20 砼浇筑,厚 0.2 m。两侧边墙也采用 C20 砼浇筑,衬砌厚 0.2 m,

排水沟近坡侧边墙每隔 2 m 预埋 $\varnothing$50 mm 的塑料 PVC 管,排水倾向渠内,坡率按 5% 设计。

表 2.12　截面流量设计表

名称	净宽 (m)	净深 (m)	过流深 (m)	过水面积 (m²)	湿周 (m)	糙率	流速 系数	最小水力 坡降(°)	过流量 (m³/s)
主排水沟	0.46	0.6	0.6	0.28	2	0.014	53.7	0.01	0.82
次排水沟	0.32	0.52	0.52	0.17	2	0.014	53.7	0.01	0.82

沟渠开挖与边坡处理:排水沟采用人工开挖,为保证排水沟的基础稳定,所有新建排水沟都坐落于不稳定矿渣治理土上,开挖边坡比一般控制在 1∶0.5 左右。浆砌后两侧超挖部分用黏土进行回填夯实,边坡陡坎对沟渠有落石影响的部位应进行衬砌、挡土或削坡处理。尚要填方地段应分层夯实,确保水渠稳定安全。

（4）排水渠

根据水渠分部位置及汇水面积将水渠分为主渠和次渠,其中主渠长为 2618.3 m,次渠长为 2492 m。

2. 生态灌溉工程

利用现状溪沟(图 2.6),整理现状水资源及结合乡村景观设置跌水景观。

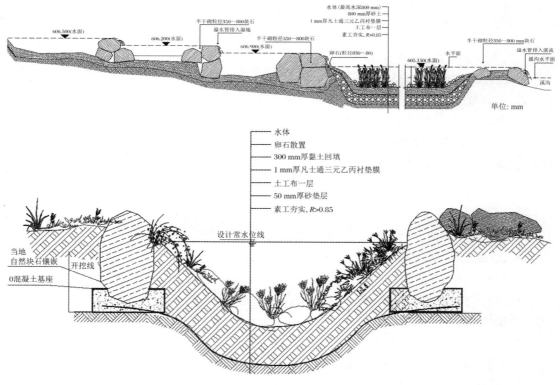

图 2.6　溪沟设计图

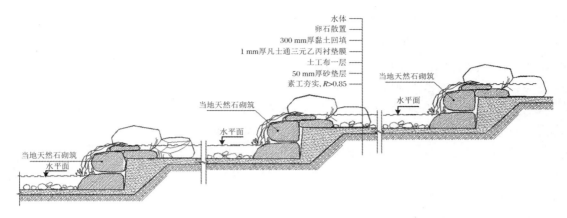

图2.6　溪沟设计图（续）

3. 蓄水池工程

项目区分布在山坡地，根据当地实际情况，以新建蓄水池为坡改梯以及部分旱地的水源和主要人畜饮用水源。

蓄水池平面布置：增设6个蓄水池，面积为4063.8 m²。

（1）主要设计参数

全年单位集水面积可集水量

$$W = E_p \times R_p \times A / 1000$$

式中，W：保证率等于 P 年的单位集水面积可集水量，单位为 m³/m²；

E_p：为某种材料集流面的全年集流效率；

R_p：为保证率等于 P 的全年降水量，单位为 mm；

A：单位集水面积，单位为 m²。

项目区保证率 $P = 75\%$，全年降水量为1100 mm，根据项目区集流面情况，参照选取 $E_p = 30\%$。计算全年单位集水面积集水量为

$$W = 30\% \times 1100 \times 1/1000 = 0.33\,(\text{m}^3/\text{m}^2)$$

蓄水池容积的确定：

$$V = K \times W \times A / (1 - \alpha)$$

式中，V：蓄水容积，单位为 m³；

W：全年供水量，单位为 m³；

α：蓄水工程蒸发、渗漏损失系数，取 0.05～0.1；

K：容积系数，半干旱地区，人畜饮水工程可取 0.8～1.0，灌溉供水工程可取 0.6～0.9；湿润、半湿润地区可取 0.25～0.4。

根据项目区实际情况，蓄水池用于灌溉供水，取 $K = 0.8$，$\alpha = 0.05$，矿坑集水面积为4063.8 m² 左右，所以

$$V = 0.8 \times 0.33 \times 4063.8/(1 - 0.05) = 1129.3\,(\text{m}^3)$$

根据上文对 V 的计算结果，矿坑蓄水池年来水量为1129.3 m³，由此可见来水量大于蓄水池设计容量要求，蓄水池来水有保障。

（2）蓄水池水压力分析

池底承受压力为水的重力：

$$P_{底} = \gamma \times V$$

式中,$P_{底}$:池底所受水的重力;

γ:水的容重,单位为 kN/m³;

V:水的体积,即蓄水池容积,单位为 m³。

设计蓄水池采用全埋方式修筑,蓄水池池底修筑在回填土上。根据《建筑地基基础设计规范》规范现场中大量矿渣泥夹石,回填过程中要均匀回填,需对地基进行夯实处理。

蓄水池内壁受压为水对池壁的侧压力,可用净水总压力计算:

$$P_{侧} = \gamma \times H \times B$$

式中,$P_{侧}$:池壁所受侧压力,即池壁所受净水总压力;

H:水深,单位为 m;

B:受力面宽度,即池壁宽度,单位为 m。

蓄水池池体采用 C20 砼修筑,C20 砼的抗压强度 20 MPa,大于水的侧压。

根据项目区实际情况,由于该区域灌溉用水及生活用水缺口较大,固各坑因地而设,设计容量为方。同时与景观相结合打造水边湿地景观,同时方便农民取水和维修。在水池上游所有场地中道路均设置边沟和引水渠为后期灌溉及景观打下基础,采用 C20 钢筋混凝土现浇。

(3)蓄水池结构做法

瀑布跌水池面积为 143.5 m²,蓄水量为 100.5 m³。其水源来自于西侧蓄水池,通过埋设管道将水引入瀑布跌水池,并设置阀门对水量进行控制进而对瀑布景观进行控制。

2.5.6　科普教育工程

通过科普教育等展示性设施,结合乡村绿化文化设置田园风格的标识牌,介绍矿坑公园来历的同时达到宣传环境保护的目的。科普教育工程主要包含便民休息坐凳、环境保护设施、便民指引牌和科普宣传栏,其中设立科普宣传栏共计 15 个、便民指引牌 31 个、环境保护设施 31 个、便民休息坐凳 30 对、入口标识大门 1 个。

2.6　效 益 分 析

2.6.1　生态效益

1. 生态修复的环境效益

由于矿区土壤的转变,适宜种植的作物品种增加,农产品产量将大大提高,在产生巨大经济效益的同时,附着在这块土地上的生物多样性也可能得到恢复,因而将产生巨大的环境效益。

2.可提高森林植被覆盖率,打造绿色矿山

通过治理示范工程,将新增林地约 22 hm²,加之在土壤修复基础上,在耕地间种经济林木,矿山森林植被覆盖率将大大提高,特别是通过对矿渣堆积体边坡的绿化,既可实现植被护坡,减轻水土流失,又可将荒废破败的矿渣堆封闭在绿色的藤蔓植物覆盖之下,其视觉效果和景观效应由此产生,真正意义上实现绿化矿山的治理目标,因此将带来良好的环境效益。

3.可缓解矿区水土流失,减轻矿区石漠化灾害

通过矿渣堆边坡绿化治理和植树造林、林地生态修复工程以及矿区土地整理等工程,均可减轻矿区水土流失的程度,也可缓解矿区石漠化灾害的危害。

总之,通过实施矿山地质环境治理工程,不但能解决现有地质环境问题,保障矿区受地质环境问题威胁的人民群众生命财产安全,还能促进工农业发展及居民的正常生活生产,有效改善矿区生态环境,促进农户增收。对构建和谐社会,加快城市经济转型,实现城市经济可持续发展,具有十分重要的意义。

2.6.2 经济效益

1.新增土地的经济价值

治理示范工程中,通过荒山荒坡(包括其他草地和灌木林地等)恢复其技术指标达到林地要求。

2.发展特色农业,提高土地产出的经济效益

大力发展特色农业及旅游可大大提升矿区土地利用价值,增加产出,缓解各种资源矛盾和人地矛盾,促进农户增收,促进地方经济的转型升级,带来巨大的经济效益。

2.6.3 社会效益

通过矿山地质生态环境治理示范工程,可有效改善矿区地质生态环境,将一个地质灾害危害严重的恶劣环境,转变成为一个适宜人居的良好环境,为矿区社会经济的健康发展打下一个良好的基础,促进"资源节约型、环境友好型"社会的建设,此工程必然得到全社会的广泛支持和拥护。

通过治理工程,改善矿区饮水安全保障程度和交通出行条件,将提高矿区人民群众生产生活质量,矿区土壤修复和植被修复将新增大量耕地和林地,土地产出大大提高,加之发展特色农业产业试点示范,将进一步提升土地利用价值,促进矿区经济建设和提高群众经济收入水平,促进矿区经济转型升级,此治理工程将得到矿区群众积极拥护和支持。

积极组织矿区村民投工投劳,参与矿山地质环境恢复治理工程,由矿山地质环境破坏的受害者,转变为矿山环境治理的重要参与者,且最后成为矿山地质环境治理工程的受益者,对于促进矿区社会经济的和谐稳定和健康发展,必然具有重要而深远的意义。

2.7 扩展阅读

2.7.1 土地复垦质量标准

1. 耕地复垦质量标准

耕地复垦质量要求参照《土地复垦质量控制标准》(TD/T 1036—2013)中西南山地丘陵区土地复垦质量控制标准,并结合高标准基本农田耕地土层厚度标准,具体详见表2.13。

表2.13 复垦耕地质量控制标准

复垦方向	指标类型	基本指标	控 制 标 准
耕地	地形	地面坡度(°)	≤25
	土壤质量	有效土层厚度(cm)	≥40
		土壤容重(g/cm³)	≤1.4
		土壤质地	砂质壤土至壤质黏土
		砾石含量	≤15%
		pH	5.5～8.0
		有机质	≥1%
	配套设施		达到规划设计要求

2. 林地复垦质量控制标准

林地复垦质量要求参考《土地复垦质量控制标准》(TD/T 1036—2013)中西南山地丘陵区土地复垦质量控制标准,其复垦标准详见表2.14。

3. 草地复垦质量控制标准

草地复垦质量要求参考《土地复垦质量控制标准》(TD/T 1036—2013)中表D.8西南山地丘陵区土地复垦质量控制标准,其复垦标准详见表2.15。

4. 土地平整工程建设标准

由于场地存在部分区域坑洼不平、块石裸露等现象,则在复垦前先进行机械消防坡整平,覆土后再进行平整田面。

5. 配套工程建设标准

(1)灌排工程建设标准

① 灌溉设计标准:经实地踏勘和调查,考虑项目区水文气象、水土资源、作物组成、排灌方式等因素,灌溉标准按抗旱天数为22天设计。

② 排涝设计标准:按10年一遇1小时最大暴雨量1小时排出进行设计。

③ 水利交叉建筑物标准:按SL 252—2000规定的五级建筑物标准。

④ 水工建筑物按照 GB 50288—1999《灌溉与排水工程设计规范》确定本工程主要建筑物属于 5 等 5 级。

5. 道路工程建设标准

田间道路设计标准：田间道设计宽为 4.5 m，路面采用 0.2 m 厚的 C30 混凝土。

生产路设计标准：根据其人流量的大小和作用路面宽设计为 0.8 m，为 C20 混凝土路面。当道路纵坡小于 15°时，应设置为平直式；当道路纵坡大于 15°时，应设置成梯步，梯步高为 15 cm，梯步宽为 30 cm。

表 2.14　复垦林地质量控制标准

复垦方向		指标类型	基 本 指 标	控 制 标 准
林地	灌木林地	土壤质量	有效土层厚度(cm)	≥20
			土壤容重(g/cm³)	≤1.5
			土壤质地	砂土至壤质黏土
			砾石含量	≤50%
			pH	5.5～8.0
			有机质	≥1%
		配套设施	道路	达到当地本行业工程建设标准要求
		生产力水平	定植密度(株/hm²)	满足《造林作业设计规程》(LY/T1607)要求
			郁闭度	≥0.35
			存活率	70%(3 年后)
	有林地	土壤质量	有效土层厚度(cm)	≥30
			土壤容重(g/cm³)	≤1.5
			土壤质地	砂土至壤质黏土
			砾石含量	≤50%
			pH	5.5～8.0
			有机质	≥1%
		配套设施	道路	达到当地本行业工程建设标准要求
		生产力水平	定植密度(株/hm²)	满足《造林作业设计规程》(LY/T1607)要求
			郁闭度	≥0.30
			存活率	70%(3 年后)

续表

复垦方向		指标类型	基 本 指 标	控 制 标 准
草地	其他草地	土壤质量	有效土层厚度(cm)	≥10
			土壤容重(g/cm³)	≤1.45
			土壤质地	砂土至壤质黏土
			砾石含量	≤50%
			pH	5.5～8.0
			有机质	≥1%
		配套设施	道路	达到当地本行业工程建设标准要求
		生产力水平	覆盖度	≥40%
			产量(kg/hm²)	4年后达到周边地区同等土地利用类型水平

6. 生物工程建设标准

根据植被筛选原则,本项目绿化防护带主要选择绿竹,灌木选择攀援植物油麻藤,种植密度参见 GB 16453.2—2008《水土保持综合治理技术规范:荒地治理技术》。

草籽撒播:针对复垦为林地区域,设计平铺覆土 15 cm,撒后撒播黑麦草草籽。

藤蔓植物设计:种类为爬山虎,长度为 50～60 cm,地径为 1 cm,本项目设计种植株距为 50 cm。

灌木种植设计:种类为红继木,冠径为 20～30 cm,种植密度为 10 株/m²。

灌木种植设计:种类为救军粮(红籽),冠径为 60～80 cm,,株行距为 2.0 m×2.0 m,设计乔木种植密度为 2600 株/hm²。

乔木种植设计:种类为柏树,干径为 3～5 cm,树形优美,生长状况良好,株行距为 2.0 m×2.0 m,设计乔木种植密度为 2600 株/hm²。

7. 监测与管护措施标准

(1)监测工程

本方案监测内容主要为土壤质量监测和矿山地质环境监测。

① 土壤质量监测

对象主要为复垦为农用地的土地自然特性,为复垦区地形坡度、有效土层厚度、土壤有效水分、土壤容重、酸碱度、有机质含量、有效磷含量、全氮含量、土壤侵蚀模数等,监测方法以《土地复垦技术标准》(试行)为准。

② 矿山地质环境监测

结合工程建设和工程区地质灾害分布与矿山开采诱发地质灾害,地质环境破坏的可能的特点,对本工程不同部位的地质灾害、地貌景观进行监测,对治理措施效果进行监测,为业主了解项目的执行情况、研究对策、实行宏观指导提供依据。

监测内容:地表下沉量、地裂缝、建筑物开裂等。监测点布设为采用图根水准测量对地面建筑物和地表开裂进行监测,测量仪器采用 S3 型水准仪配合区格木质双面标尺,作业前对仪器和标尺应进行检查和检定。测量采用中丝法读数,直读视距,观测采用后—后—前—前的顺序,精度达到三等,观测中误差<25 mm/km。监测频率为每月 1 次,记录要准确、数据要可靠,并及时整理观测资料;向地质灾害管理部门提交观测报告;地质灾害管理部门负责监督管理。

(2)工程管护

工程管护主要是针对本次复垦布局设计的道路工程、排水沟、挡土墙工程进行后期管护,做好日常维护,在出现损坏时及时修补。

(3)植被管护

植被管护针对树苗种植后进行管护。管护的主要工作内容为浇水、防虫和补植。

2.8　参考标准和规范

2.8.1　国家法律、法规和规章

《中华人民共和国土地管理法》
《中华人民共和国土地保持法》
《中华人民共和国环境保护法》

2.8.2　规范性文件

国土资源部《关于加强生产建设项目土地复垦管理工作通知》(国土资源部发〔2005〕225 号)

《土地复垦条例》(2011 年国务院第 592 号令)

《国土资源部关于印发历史遗留工矿废弃地复垦利用试点管理办法的通知》(国土资规〔2015〕1 号文)

《地质灾害防治条例》(国务院令第 394 号)

2.8.3　技术标准规范

《土地复垦方案编制规格》(通则)
土地基本术语(GB/T 19231—2003)
土地利用现状分类(GB/T 21010—2017)
土地开发整理项目规划设计规范(TD/T 1012—2017)
《土地复垦质量控制标准》(TD 1036—2013)

2.8.4 技术资料

《人工湿地设计规范》

《湿地修复技术指南》

《人工湿地污水处理工程技术规范》(HJ 2005—2010)

《污水稳定塘设计规范》

《村庄景观环境工程技术规程》(CECS 285—2011)

《农村环境连片整治技术指南》(HJ 2031—2013)

《灌溉与排水工程设计规范》(GB 50288—2018)

《农田排水工程技术规范》(SL 4—2019)

《渠道防渗工程技术规范》(GB/T 50600—2010)

《给水排水构筑物设计选用图》(07S906)

《挡土墙》(17J008)

《水工建筑物荷载设计规范》(SL 744—2016)

《砌体结构设计规范》(GB 50003—2011)

《公路工程技术标准》(JTG B01—2014)

《小交通量农村公路工程技术标准》(JTG 2111—2019)

《公路沥青路面设计规范》(JTG D50—2017)

《公路桥涵设计通用规范》(JTG D60—2015)

《水工建筑物砌石工程施工技术规范》

《公路桥涵施工技术规范》(JTGT 3650—2020)

《农村公路建设管理办法》

《国家造林技术规程》(GB/T 15776—2016)

《水土保持工程设计规范》(GB 51018—2014)

案例 3 某土地综合修复案例

3.1 案 例 背 景

党的十九大的首次提出乡村振兴战略,指出:按照产业兴旺、生态宜居、乡风文明、治理有效、生活富裕的总要求,建立健全城乡融合发展体制机制和政策体系,加快推进农业农村现代化。2018 年中央 1 号文件指出,实施乡村振兴战略,是新时代"三农"工作的总抓手。2018 年 2 月重庆市实施乡村振兴战略行动计划动员会议指出:要按照产业兴旺、生态宜居、乡风文明、治理有效、生活富裕的总要求,坚持改革创新,稳妥推进农村"三变"改革试点,激发农业农村发展活力。坚持质量兴农,培育特色产业,促进一二三产业融合。坚持绿色发展,加强乡村生态保护和修复,推行绿色生产方式,切实改善农村生态环境。

某土地综合修复案例所在位置为三个革命老区乡镇之一,有历史上的"粮仓"之称,有天人合一的自然生态本底、底蕴深厚的历史文化资源、国家级的中国传统村落和独具特色的山水林田湖村格局,在某区党代会上被列为"十三五"坪上乡村旅游发展重点打造区域。因此,将该案例定位为某直辖市特色鲜明的乡村旅游度假胜地,打造为市级山水林田湖草综合整治示范项目,基于"山水林田湖草"生命共同体理念,结合乡村振兴战略,综合考虑农村经济发展、村庄建设、环境整治、生态保护、文化传承和基础设施建设等要素,本着全域规划、多规合一、一张蓝图的全局规划高度,建设以现代化农业为基础,以传统村落乡村文化休闲、旅游度假、四季花果观光为特色的高标准基本农田示范区。

3.2 研究区概况

3.2.1 地理区位

该土地综合修复所在区域,距市区主城 70 km,与周围各个乡镇接壤。该区域可在 40 分钟到达各个区域,物流、人流集散便捷,区位优势凸显、辐射带动面广,为项目推进提供良好的交通条件。

项目区位于乡镇东北部,涉及大田村一社、二社、三社、四社,天宝寺村五社、六社,新兴村三社、四社共 3 个村 8 个社。东与新妙镇相接,南与新兴村接壤,西与大顺村相邻,北与清风村相连,地理位置介于东经107°02′39″—107°03′56″,北纬29°31′52″—29°34′43″。

3.2.2 自然条件

1. 地形地貌

项目区属于低山地貌,海拔高程在501.6~779.7 m之间,最高点位于大田村四社山顶,最低点位于大田村一社大石坝坡下,地势走向为南北高、西部低。在高标准基本农田建设区域划分中,项目区主要地形属于中低山源缓坡区。项目区圆通寺—千秋螃—蒋家湾—六连田片和桐麻屋基—水口寺片为中低山山源缓坡区,景观效果较好,以梯田为主,地形坡度在6°~15°之间,梯田边角及坡角区域,旱地呈零星分布,单块面积在0.67 hm² 左右,各山顶区域和连接各山的山脊区域,主要为林地(图3.1)。

图3.1 区域内沙丘梯田(上)和千秋塝区域梯田(下)

项目区坡度按0°~2°、2°~6°、6°~15°、15°~25°及>25°进行分级,分坡度面积占比分别为4.04%、17.59%、29.7%、21.7%、26.97%,项目区林地主要集中在>25°山包区域,耕地区域主要集中在6°~25°区域,耕地大部分区域已成台,台面内部平坦,田坎坡度较大;项目区坡向主要集中在西向方向。

2．气候条件

项目区属于亚热带湿润季风气候，全年气候温和，四季分明，雨量充沛，湿润多阴，日照较足，无霜期长，年平均气温为 16.5 ℃，年日照约 1273 小时，多年平均降雨量为 1185 mm，年平均气压为 986.5 hPa①，年相对湿度为 84%，无霜期为 300 天，≥10 ℃年均积温 4275 ℃。项目区秋冬季节多雨雾，适合粮油、中草药、茶等作物生长。

3．土壤特征

项目区主要土壤为水稻土和黄壤，紫色土在项目区西部边界靠大顺村山脊一线有少量分布。其中水稻土亚类为山地黄壤水稻土，分布于水田区域；黄壤亚类为山地黄壤，系旱粮作物和经济林木的主要生长地，土壤质地轻，结构较好，土体较疏松。当前黄壤最主要的问题是植被破坏，水土流失严重，土壤多显贫瘠，土层厚度在 50～75 cm 之间。

4．水文与水资源状况

项目区水系属梨香溪支流、多年平均径流深为 503 mm，项目区内除大田村西南部有 1 条溪沟外，因切割和冲蚀形成的季节性冲沟还有 8 条；该溪沟宽 5～10 m，汇水面积约为 2.5 km²，位于大田村位置最低处，溪沟多年平均流量为 0.12 m³/s，枯水期流量约为 0.04 m³/s，周边村民可使用小型抽水设备等进行堤灌。地下水属于红层地区地下水，流量小，基本上不能作为灌溉水源。其类型有松散岩类孔隙水和基岩裂隙水，松散岩类孔隙水分布面积小，富水性较差，基岩裂隙水则主要分布于分水岭一带，因岩体裂隙发育不等，其富水性差异较大。项目区地下水补给主要是大气降水，但降水在时间和空间上分配不均，地下水主要靠雨季补给，旱季补给量小。

项目区暴雨多以突降形式出现，降雨量大，季节分布不均，出现时间多为 5—9 月，洪水特性为山区洪水，单峰性，易涨易落，洪水持续时间一般不超过 1 天。部分水田区域，如大田二社王家湾、大田三、四社大河田等区域，缺少排水设施，无法及时排出降雨，形成洪水冲毁田块，影响农作物生长。

项目区无工矿开采，也无其他制造业、加工业等污染源，无其他重金属污染，但种植生产过程中使用的化肥、农药及农业废弃物、院落生活污水、规模化养猪场粪便等污染物，在降雨及灌溉的驱动下，氮磷及有机物质通过径流、淋溶、侧渗向项目区山坪塘和农田最低处溪沟等水体迁移，水体存在面源污染情况，主要位于千秋捞梯田的山坪塘，其他区域水质能够达到农业灌溉用水的水质要求。

项目区有 2 座小Ⅱ型水库——王家湾水库和鱼甲鳞水库；集雨面积分别为 0.271 km²、0.5 km²，库容分别为 26.5×10⁴ m³、35.661×10⁴ m³，设计灌溉面积分别约为 58 hm²、46.7 hm²。

5．工程地质

项目区处于古老的杨子淮地台区，地壳较稳定，出露岩层为侏罗系上统蓬莱镇组厚层砂岩，岩层走向为 NE85°—SW265°，倾向为 NW175°，倾角为 10°，出露砂岩呈弱风化，节理裂隙发育不明显。区域内存在一处滑坡地质灾害点，位于大田村一社沟里头（大田村西南部）。

项目区涉及主要工程为新修排水沟、整修田间道，新修田间道、新修生产大路。项目区整修田间道路在原有基础上进行整修，沿途无危险性工程地质现象，新修道路主要在集中连

---

① 1 hPa=100 kPa。

片的耕作区,开挖时土质边坡宜控制在 1:0.5 以内,石质边坡宜控制在 1:0.3 以内;新修排水沟主要布设在各大冲田之中且地势较为平坦,沿途无危险性工程地质现象。

6. 生态景观环境

项目区植物因环境有利而终年生长,以常绿植物为主。农作物可四季栽培,粮食作物可一年两熟和两年五熟。因自然地理环境比较复杂,植物种类丰富,类型多样。植物成分以亚热带植物为主体,代表品种有水稻、玉米、柑橘、梨子、李子等;根据航摄影像资料和实地踏勘发现,项目区林地多数集中在地势较高的山顶或者坡度较大的山脊、山沟处,树种多以杉树、松树等多年生乔木类为主。与建设用地过渡区林地多以灌木林地为主,树种杂乱,无序生长,景观性较差。

7. 自然灾害

项目区主要有春旱和伏旱。4—5月的春旱影响水田插秧,春旱发生频率为45%,持续时间一般在20天左右;7—8月的伏旱会造成水稻减产,发生频率达到75%,持续时间根据天数的不同有轻旱年(连续16~20天)、中旱年(连续21~30天)、重旱年(连续31~45天)及特重旱年(大于45天)。在遭遇不同的干旱年份中,会造成不同程度的作物减产影响,一般造成减产10%~20%。区内灌溉水源主要是王家湾水库、鱼甲鳞水库、山坪塘。在王家湾水库、鱼甲鳞水库附近区域,采用自流灌溉,灌溉辐射面积较小,项目区山坪塘众多,是项目区有效的灌溉水源,但由于输水设施的损毁,导致干旱时节无水可用。除此之外,项目区位于多山之间,汇水面积大,现状的排水系统满足不了排水要求,雨季时耕地常遭受洪水淹没,尤其是大河田区域的耕地,影响粮食产量和农村经济的提高。

3.2.3 社会经济条件

项目区涉及大田村一社、二社、三社、四社,天宝寺村五社、六社,新兴村三社、四社共3个村8个社,涉及589户1746人,外出务工人员960人,留守劳动力约437人。项目区为传统的农业村,产业以种植、养殖为主,由于劳力不足,大部分只能选择坡度较缓、耕作半径在300 m以内的耕地耕种,多种植玉米以弥补劳力不足,项目区内饲养生猪约560头,羊300头,淡水鱼养殖水面约18 hm²,2017年人均收入约为6065元。

3.2.4 产业发展现状

项目区第一产业水田区域主要为水稻制种和常规水稻种植,旱地区域主要为玉米、红薯及少量蔬菜种植,现状产业经济效益不高,除水稻和制种外,规模和集中连片程度不高,不适宜打造以产业景观为目的的旅游项目。水田冲田区域及水源丰富的区域主要种植水稻,捞田及缺水区域撂荒;在耕作半径较小、生产道路通达、零耕作的旱地区域种植玉米、蔬菜等,其他区域主要种植经济果树等。除粮食作物外,项目区还有少量的养殖业,其次为零星的渔业养殖和农户自家养殖的少量牲畜和禽类等。项目区第二产业没有规模以上企业,农产品加工功能主要集中在明家场上,缺乏小型加工设备,仅有2户村民家中购置有小型水稻剥壳机,加工产能为250 kg/h。第三产业休闲农业与乡村旅游刚刚起步,旅游资源尚待开发,王家大院、滑石堂等传统民居未得到合理利用。项目区内只有静怡果园具有采摘、接待等简单的基础设施,果园观光、水果采摘初具人气。一些生态钓鱼基地还未打造完成,未达到旅游接待要求,目前,项目区预计年接待游客约 1 万人次,乡村旅游总收入约 60 万元。此外,服务中心已经实现电子商务、便民超市、金融网点"三进村"。已推动项目区生态米、老腊肉、老咸菜、土鸡土鸭、土鸡蛋等特色农产品进行网络销售,年网络销售额达到 20 万元。

3.2.5 研究区问题

1. 产业发展问题

种植、养殖结构单一:比例严重失衡,布局较为凌乱。规模化程度低:产业只有水稻成规模,其他产业体量过小。组织化程度低:土地以农民个体经营为主,农业龙头企业、农民合作社等新型经营主体较为缺乏,产业抗风险能力低下。机械化程度低:除田土耕整采用旋耕机外,水稻栽植、收割等仍以人工方式为主,近年才开始推行小型收割机。农业生产基础较薄弱:耕作路网、蓄水池、山坪塘等农业基础设施缺乏,导致部分土地撂荒。生产基地标准化程度低:农业种植耕作区域建设、生产技术规程品质量安全等都没有统一的标准,需要按产业标准化建设。土地利用效率低:项目区水稻田还停留在一年一熟的生产方式,浪费了半年的光热和土地资源。农业品牌匮乏:项目区没有"三品一标"和农产品商标品牌,附加值不高。产业化发展缓慢:产业发展停留在生产环节,加工、销售和运输能力急需建设,农产品商品化率低,产业链条需要梳理重构。旅游发展滞后:缺乏旅游接待设施,欠缺相应的旅游接待能力,旅游发展亟待起步。

2. 生态景观环境问题

水体污染严重:库塘湿地、溪沟污染严重,水库缺乏生态化建设。植被结构和树种单一:马尾松纯林比例过大,松材线虫灾害严重。林相单一:以常绿针叶林为主,主基调为绿色,层次和色彩较为单一,缺少季相变化和震撼的森林景观。农田面源污染严重:化肥农药过量使用,畜禽粪便、农作物秸秆和农田残膜等农业废弃物处置不合理,导致面源污染严重。农田存在水土流失:受重力侵蚀和水力侵蚀影响,集中梯田区域田坎存在不同程度的垮塌和农田背坎裸露。田园景观均质化:农田作物种植单一,造成景观单一和植物异质性下降,导致生态服务功能降低。生物多样性下降:农田农药、化肥大量使用,导致农田生态系统中资源型生物和益虫、益鸟减少,呈现"寂静的春天"。人居环境恶化:生活污水任意排放、生活垃圾随意堆放等环境污染,导致人居环境质量降低。乡土景观风貌受损:农村居民点废弃、闲置,农村空心化导致破败现象,土地资源浪费,乡土景观风貌受损。景观视觉污染严重:乱搭乱建,建筑垃圾乱堆乱放,导致农村景观视觉污染。

3. 其他问题

资源开发程度低:资源类型较丰富,但开发利用程度低、缺乏核心吸引力和品牌效应,旅游发展亟待加速。人才结构亟待改善:农村人口老龄化、村庄"空心化"严重。留住年轻人的机制尚未建立。土地流转程度较低:耕地基础设施较差,建设用地利用效率低下,规模效益低下。治理机制缺乏创新:乡村治理水平不高,治理能力和体系亟待强化,治理机制有待创新。社区老化、公共服务及配套设施匮乏:没有形成一村一个中心社区加若干子社区的空间布局。政策支撑力度不够:土地流转、三权分置、三变改革、用地保障制度缺乏相应的政策支撑,有待创新突破。

3.3 工程目标

构建乡村田园生态景观环境,通过"稻田＋、旅游＋、生态＋",发展生态循环农业、中药材种植加工业、乡村休闲文化旅游产业,夯实乡镇养生产业基础,建设生态田园养生度假旅游重要目的地,打造"三生三美"的美丽乡村,助推某乡镇村振兴目标实现。

3.4 建设原则

3.4.1 策划规划先行

在《某直辖市国民经济和社会发展"十三五"规划》《某乡镇总体规划》《某乡镇村旅游惹休规划》《某中药康养特色小镇总体策划》等相关规划指引下,对项目区进行三产融合发展规划、生态景观环境综合整治规划、土地利用规划等,根据规划形成的一张蓝图及项目一览表进行工程布局与设计,服务项目区相关产业发展,助推乡村振兴战略目标的实现。

3.4.2 生态整体保护、系统修复、综合治理

坚持人与自然和谐共生理念,以国土空间规划为指引,按源头控制、过程阻控、末端治理的技术路线,对生态进行整体保护,对生态空间网络进行系统修复,对水土流失、农田面源污染、生物多样性低、人居环境差等问题进行综合治理。

3.4.3 山水林田湖草"全域规划、全域整治、全域设计原则

基于"山水林田湖草"生命共同体理念,综合考虑农村经济发展、村庄建设、环挽整治、生态保护、文化传承和基础设施建设等要素,全域规划、全域设计,"一张蓝图画到底",实施全域土地综合整治。

3.4.4 一张蓝图干到底

根据一张蓝图项目安排,确定区级各部门的建设任务,按照项目投资计划安排,各部门配套衔接、协同建设。

3.4.5   新增耕地和耕地保护

一是通过实施土地平整工程增加新增耕地,通过工程措施提升项目区耕地质量,保障项目区占水田补水田,占优补优的耕地占补平衡;二是通过工程措施,改善项目区基础设施条件,促进项目区耕地规模化、经营化种植,促进土地流转,从而提高土地利用,防止项目区土地整治后出现摆荒现象,促进耕地保护;三是对低效废弃茶园的复垦,促进耕地保护,增加耕地面积;四是项目规划设计中尽量不占或少占耕地,全面保护耕地,在灌溉与排水或田间道路等线性工程规划中,尽量采用原有工程的走向或位置,尽量不占或少占耕地,尤其是少占水田;在工程设计中,尽量考虑在满足功能的前提下,少占耕地;尽量采用地下方式布设工程,如管道、暗渠等。

3.4.6   安全的原则

在项目工程设计中或实施中,应对临空面超过 2 m 的区域和水体较深的区域(如:山坪塘、蓄水池等)设置防护设施。应在道路过急弯处,加宽弯道、设置加广角镜等,高边坡、高填方区域应设置护坡挡墙等设施;另外加强相关人员的安全意识和责任,保障项目安全实施、顺利推进。

3.4.7   项目整体格局

产业格局:建立“一轴两带六区”的空间格局。一轴:中药材景观大道;两带:中药材种植带;六区:优质粮油种植区;中药材种植观光区;悬崖休闲度假区;古村农耕文化体验区;隆平高科制种区;生态田园度假区。

生态格局:建立“核心区 + 廊道 + 踏脚石”的生态网络空间。核心区:林区、水库、湿地等区域;廊道:植被缓冲带、天然冲沟缓冲带、生态拦截带等;踏脚石:小斑块林地、坑塘、小水体、微湿地等。

3.5   土地综合修复措施

3.5.1   “山水林田湖草”综合整治工程

1. 总体原则

(1) 生态保护优先原则;

(2) 耕地保护、节约集约用地的原则;

（3）支持产业发展的原则；

（4）多功能融合的原则；

（5）遵循技术标准的原则；

（6）生产生活兼顾的原则；

（7）技术经济合理的原则；

（8）安全的原则。

2. 综合整治工程布局

根据一张蓝图项目规划，落实三产融合发展规划、"山水林田湖草"生态环境景观综合整治规划、土地利用规划等相关专项规划，按照全域规划、全域整治、全域设计，对项目区生态、农业、建设空间进行全域优化布局，对农业产业基础设施进行精准配套，对低效闲置建设用地进行集中盘活，对生态环境和农村人居环境进行修复治理，强化部门间协同配合，整合各方资金，共同打造。

（1）实施全域土地综合整治，围绕林地、水体、农田、聚落四大生态系统及农村道路进行生态景观环境现状分析、提出存在的问题，并落实工程及生物措施。

（2）对项目区生态、农业、建设空间进行全域优化布局，一是通过森林彩化、库塘、溪沟湿地化、农田缓冲带、生物临时栖息地的构建，形成由核心区、生态廊道、踏脚石构成的生态网络空间，对项目区生态空间进行优化布局；二是为落实耕地保护和永久基本农田保护，对项目区耕地进行水土流失治理和面源污染治理，并统一产业安排，对农业空间进行优化布局；三是根据项目区产业、旅游、村建设的需要安排新增建设用地和盘活现有建设用地，对建设空间进行布局优化。

（3）对农业产业基础设施进行精准配套，结合项目区地形地貌条件、土壤、耕地利用状况及产业发展需求，对项目区产业进行分区，并对各分区的基础设施进行评价，按照缺什么补什么的要求，对各分区配套基础设施，满足精准配套的要求。

（4）对低效闲置建设用地进行集中盘活，一是将项目区南部的红枫湖都市休闲项目纳入在乡返乡下乡提供用地保障的试点区域，对项目区低效闲置建设用地进行摸底调查，通过拆旧建新，在提供建新用地保障的同时也对低效闲置建设用地进行集中盘活；二是利用现有建设用地发展民宿、农家乐、文化体验等，对现有建设用地进行高效利用。

（5）对生态环境和农村人居环境进行修复治理，一是对林地、水体、农田、聚落四大生态系统存在的各类问题进行修复治理；二是通过生活污水治理、生活垃圾分类处置、养殖固体废弃物处理、微田园整治、庭院美化及基础设施配套对项目区人居环境进行修复治理。

3. 土地整治工程平面布局

结合本项目产业发展规划空间布局、生态景观环境规划生态空间划定、乡村建设规划总体布局、土地利用规划空间划定结果与用途管制等，考虑项目区各区域空间发展定位的差异，并依据各区域发展目标及存在的问题，有针对性地进行土地综合整治空间总平面布局分区划定和工程布局，实行差别化的土地整治，同时统筹其他部门的各类综合整治项目，以实现各上位规划的发展目标。本次土地综合整治空间总平面布局分区划定以产业发展规划空间布局为依托，融入生态景观环境规划、乡村建设规划、土地利用规划等，将项目区分成了7个Ⅰ类整治区，11个Ⅱ类整治区。7个Ⅰ类整治区分别为优质粮油种植区、中药材种植观光区、古村农耕文化体验区、隆平高科制种区、生态田园度假区、悬崖休闲度假区、中药材景观大道,其中优质粮油种植区分为千秋塝有机水稻种养基地、圆通寺绿色水稻种养基地、蒋家湾绿色水稻种养基地、水口寺绿色水稻种养基地4个Ⅱ类区,生态田园度假区分为红枫湖都市休闲农庄、蓝莓樱桃采摘园2个Ⅱ类区。项目区土地综合整治分区统计见表3.1,项目区总体工程布局见表3.2。

表3.1　项目区土地综合整治分区统计表

序号	Ⅰ类区	Ⅱ类区	位置、地点	面积(hm²)
1	优质粮油种植区	千秋塝有机水稻种养基地	千秋塝、杨鹊湾、大火烟	58.45
		圆通寺绿色水稻种养基地	圆通寺、卷子树塝、庙湾	37.16
		蒋家湾绿色水稻种养基地	蒋家湾、郭草坪、老房子	78.14
		水口寺绿色水稻种养基地	水口寺、桐麻屋基、杨柳湾	52.81
2	中药材种植观光区	中药材种植观光区	新塘(上)、九连田	15.01
3	古村农耕文化体验区	古村农耕文化体验区	王家湾、三重堂、滑石堂	90.57
4	隆平高科制种区	隆平高科制种区	六连田、四合头、新塘	48.02
5	生态田园度假区	红枫湖都市休闲农庄	鱼甲鳞水库、欧家湾	67.16
		蓝莓樱桃采摘园	白杨坪	10.01
6	悬崖休闲度假区	悬崖休闲度假区	大顺水井、飒漏石、焦家岩	32.48
7	中药材景观大道	中药材景观大道	大顺—大田—天宝寺	—

4. 分区规范布局

(1) 优质粮油种植区

① 千秋塝有机水稻种养基地

该区产业为发展有机水稻种植,同时结合"旅游+"开发稻田观光、稻田度假、生态观光、生态科普等旅游项目,因此该区应注重农田景观生物多样性保护和生态化农业景观环境构建。针对产业发展方面,现有基础设施配套不全,暂不能满足产业发展,针对梯田区域,一是坑塘集中分布在该区阳雀湾区域,针对其他区域分布极少且无输水渠堰到达,灌溉用水得不到保障,大面积的水田已改为旱作或撂荒;二是无田间道路通达耕作区,耕作管理不便,经营成本较高;三是现有梯田还不具备发展"旅游+"的条件。针对其他区域,一是梯田区域周边存在未利用的零星地块;二是梯田周边旱地台面凌乱,利用效率不高,撂荒严重;三是部分旱地不满足高标等相关建设指标标准。针对生态景观环境方面,一是受重力侵蚀和水力侵蚀影响,集中梯田区域田坎存在不同程度的垮塌和农田背坎裸露;二是化肥农药过量使用,畜禽粪便、农作物秸秆和农田残膜等农业废弃物处置不合理,造成面源污染严重,导致农田生态系统中资源型生物和益虫、益鸟减少;三是农田作物种植单一,导致景观单一和植物异质性下降,导致生态服务功能降低;四是林地区域植被结构和树种单一,林相单一,缺少季相变化和震撼的森林景观。

表 3.2 项目区总体工程布局统计表

功能分区		目标定位	布局因素考虑	主要作物种植	土地平整工程	灌溉与排水工程	田间道路工程	农田防护与生态环境保持工程	其他工程
I类区	II类区								
	千秋畈有机水稻种养基地	有机种养基地	农田景观生物多样性、生态化农业景观环境	水田:有机稻 旱地:中药材	1. 梯田整治及埂坎修筑 2. 坡改梯整治 3. 零星边角地整治 4. 院落四旁地整治 5. 竹篱	1. 输水管网铺设 2. 提灌站配设 3. 路涵	1. 水泥田间道(主) 2. 碎石田间道(支) 3. 透水砖田间道(入户) 4. 石板生产路(生态) 5. 水泥生产路	1. 沟头防护 2. 新修渍水净化池 3. 库塘湿地化整治 4. 农田生态湿地整治 5. 缓冲带建设 6. 生态保育池修建	1. 新修农资集散地 2. 农产品堆放平台 3. 院坝整治 4. 居民点棚栏 5. 新修花池 6. 灭蚊灯、鸟箱
优质粮油种植区	水稻种养基地	绿色种养基地	生态化农业景观环境	水田:绿色稻 旱地:中药材	1. 零星边角地整治 2. 院落四旁地整治	1. 输水管网铺设 2. 新修囤水田 3. 新修路边沟 4. 路涵	1. 水泥田间道(支) 2. 水泥生产路 3. 透水砖生产路(入户)	缓冲带建设	1. 居民点棚栏 2. 灭蚊灯
	蒋家湾绿色水稻种养基地	绿色种养基地	生态化农业景观环境	水田:绿色稻 旱地:中药材	1. 坡改梯低效茶园整治 2. 废弃梯田整治 3. 零星边角地整治 4. 院落四旁地整治	1. 输水管网铺设 2. 整修山坪塘 3. 新修囤水田 4. 新修路边沟 5. 路涵	1. 水泥田间道(主、支) 2. 石板生产路(生态) 3. 透水砖生产路(入户) 4. 水泥生产路	1. 新修渍水净化池 2. 库塘湿地化整治 3. 缓冲带建设 4. 新修生态拦截带	1. 灭蚊灯 2. 取水梯步 3. 新修休憩长椅
	水口寺绿色水稻种养基地	绿色种养基地	生态化农业景观环境	水田:绿色稻 旱地:中药材	1. 废弃低效茶园整治 2. 院落四旁地整治 3. 竹篱	1. 输水管网铺设 2. 路涵	1. 水泥田间道(主、支) 2. 水泥生产路 3. 透水砖生产路(入户)	1. 农田生态湿地整治 2. 缓冲带建设	1. 居民点棚栏 2. 新修花池 3. 灭蚊灯

续表

功能分区		目标定位	布局因素考虑	主要作物种植	土地平整工程	灌溉与排水工程	田间道路工程	农田防护与生态环境保持工程	其他工程
I类区	II类区								
中药材种植观光区	中药材种植观光区	中药材观光、采摘、科普等	发展高品质中药材种植基地及野生抚育基地	中药材	1. 废弃低效茶园整治 2. 零星边角地整治 3. 院落四旁地整治 4. 竹篱	1. 输水管网铺设 2. 整修山坪塘 3. 新修蓄水池 4. 新修路边沟 5. 路涵	1. 水泥田间道（主、支） 2. 石板生产路（生态） 3. 透水砖生产路（观光） 4. 碎石生产路（生态）	1. 库塘湿地化整治 2. 新修生态拦截带	1. 新修农资集散地 2. 新修花草廊架 3. 新修休憩平台
古村农耕文化体验区	古村农耕文化体验区	农耕体验、民宿、观闲、观光等	全域进行生态景观环境整治	水田：水稻或其他 旱地：中药材	1. 坡改梯整治 2. 废弃低效茶园整治 3. 零星边角地整治 4. 院落四旁地整治 5. 竹篱	1. 输水管网铺设 2. 新修囤水田 3. 新修排水沟 4. 路涵	1. 水泥田间道（主、支） 2. 透水砖田间道（入户） 3. 石板生产路（生态） 4. 透水砖生产路（入户） 5. 水泥生产路	1. 新修渍水净化池 2. 新修截水沟 3. 新修栖息地 4. 农田生态湿地整治	1. 居民点栅栏 2. 新修花池 3. 新修农资集散地 4. 鸟箱
隆平高科制种区	隆平高科制种区	水稻育种	进行生态整治，打造农田生态环境	水田：水稻 旱地：中药材	1. 废弃低效茶园整治 2. 零星边角地整治 3. 院落四旁地整治 4. 竹篱	1. 输水管网铺设 2. 新修囤水田 3. 新修路边沟 4. 路涵	1. 水泥田间道（主、支） 2. 水泥生产路 3. 透水砖生产路（入户）	1. 农田生态湿地整治 2. 新修生态拦截带 3. 新修渍水净化池	1. 新修农资集散地 2. 居民点栅栏 3. 新修花池 4. 取水梯步 5. 新修休憩长椅

续表

功能分区		目标定位	布局因素考虑	主要作物种植	土地平整工程	灌溉与排水工程	田间道路工程	农田防护与生态环境保持工程	其他工程
I类区	II类区								
生态田园度假区	红枫湖都市休闲农庄	生态农业示范、度假、民宿等	业主整治为主,本次进行基础工程配套	业主自定	1.废弃低效茶园整治 2.零星边角地整治 3.院落四旁地整治 4.竹篱	提灌站配设(服务水口等)	1.水泥田间道(主、支) 2.透水砖生产路(入户)	业主根据发展需要自行进行整治	1.院坝整治 2.居民点棚栏 3.新修花池
	蓝莓樱桃采摘园	水果采摘、乡村休闲等	服务经果产业	经果为主	零星边角地整治	1.输水管网铺设 2.新修蓄水池 3.路涵	1.水泥田间道(支) 2.水泥生产路	业主根据发展需要自行进行整治	新修农资集散地
悬崖休闲度假区		临崖观光、休闲度假等	景观提升、边角地整治	中药材	1.坡改梯整治 2.废弃低效茶园整治 3.零星边角地整治 4.院落四旁地整治 5.竹篱	1.新修蓄水池 2.路涵	1.水泥田间道(支) 2.石板生产路(生态) 3.木质栈道 4.透水砖生产路(入户) 5.水泥生产路	库塘湿地化整治	未来度假区建设时根据需要配置
中药材景观大道		观光游览及通行主干道	沿线景观提升、路面提质	中药材	零星边角地整治	—	沥青砼田间道(景观大道)	1.缓冲带建设 2.边坡治理	沿线居民点挡墙、棚栏、花池修建等

综上,结合土地整治工程体系建设内容,本项目在该区可进行工程规划的内容有梯田整治、坡改梯整治、灌溉输水管网铺设、田间道路整治或新修、湿地整治、缓冲带建设、渍水净化池修建、农资集散地修建等。

② 圆通寺绿色水稻种养基地

该区产业为发展绿色水稻种植,同时结合"旅游+"开发梯田观光等旅游项目,因此该区应注重通过生态化整治构建生态化农业景观环境。针对产业发展方面,一是区域内坑塘较少,水量不能满足农业灌溉需求,且多分布在低洼区,实现自流灌溉的面积较少;二是原有渠堰损坏严重,已不能使用;三是卷子树塝无水源和渠堰,灌溉严重缺水,大面积的水田已改为旱作或撂荒;四是区内主要田间道均为土路,通行率和运输效率低;五是无田间道路通达耕作区,耕作管理不便,经营成本较高;六是梯田周边旱地台面凌乱,利用效率不高,撂荒严重。针对生态景观环境方面,一是化肥农药过量使用,畜禽粪便、农作物秸秆和农田残膜等农业废弃物处置不合理,造成面源污染严重,导致农田生态系统中资源型生物和益虫、益鸟的减少;二是农田作物种植单一,造成景观单一和植物异质性下降,导致生态服务功能降低。

综上,结合土地整治工程体系建设内容,本项目在该区可进行工程规划的内容有台面重构整治、蓄水池修建、灌溉输水管网铺设、田间道路整治或新修、缓冲带建设等。

③ 蒋家湾绿色水稻种养基地

该区产业为发展绿色水稻种植,同时结合"旅游+"开发梯田观光等旅游项目,因此该区应注重通过生态化整治构建生态化农业景观环境。针对产业发展方面,一是区域内坑塘较少,水量不能满足农业灌溉需求,且多分布在低洼区,实现自流灌溉的面积较少;二是原有渠堰损坏严重,已不能使用;三是部分旱地区域不满足高标等相关建设指标标准;四是区内主要田间道均为土路,通行率和运输效率低;五是无田间道路通达耕作区,耕作管理不便,经营成本较高;六是该区水厂、大岚垭、高升基、棕树堡等区域为茶园用地,多已废弃或利用低效,但具备开发整治的潜力。针对生态景观环境方面,一是化肥农药过量使用,畜禽粪便、农作物秸秆和农田残膜等农业废弃物处置不合理,造成面源污染,导致农田生态系统中资源型生物和益虫、益鸟减少;二是农田作物种植单一,造成景观单一和植物异质性下降,导致生态服务功能降低;三是房前屋后自留地闲置,绿化较少,庭院空间房屋与菜园、院坝、林地等边界不清晰等;四是沟体淤积、排水不畅、洪水时期淹没周边农田、两岸缺乏防护措施、存在垮塌现象、景观效果差。

综上,结合土地整治工程体系建设内容,本项目在该区可进行工程规划的内容有坡改梯整治、台面重构治、院落四旁地整治、废弃低效茶园整治、灌溉输水管网铺设、田间道路整治或新修、湿地整治、缓冲带建设、渍水净化池修建、生态拦截带布设等。

④ 水口寺绿色水稻种养基地

该区产业为发展绿色水稻种植,同时结合"旅游+"开发梯田观光等旅游项目,因此该区应注重通过生态化整治构建生态化农业景观环境。一是区域内坑塘较少,水量不能满足农业灌溉需求;二是原有渠堰损坏严重,已不能使用;三是部分旱地区域不满足高标等相关建设指标标准;四是区内主要田间道均为土路,通行率和运输效率低;五是无田间道路通达耕作区,耕作管理不便,经营成本较高;六是该区部分茶园用地,多已废弃或利用低效,但具备开发整治的潜力。针对生态景观环境方面，一是化肥农药过量使用，畜禽粪便、农作物秸秆和农田残膜等农业废弃物处置不合理，造成面源污染，导致农田生态系统中资源型生物和益虫、益鸟减少；二是农田作物种植单一，造成景观单一和植物异质性下降，导致生态服务功能降低；三是房前屋后自留地闲置，绿化较少，庭院空间房屋与菜园、院坝、林地等边界不清晰、院落通行道路差等。

综上，结合土地整治工程体系建设内容，本项目在该区可进行工程规划的内容有院落四旁地整治、废弃低效茶园整治、灌溉输水管网铺设、田间道路整治或新修、湿地整治、缓冲带建设等。

（2）中药材种植观光区

该区产业为发展中药材种植，着力打造高品质中药材种植基地及野生抚育基地，通过结合"旅游＋"，开发中药材观光、采摘、科普等旅游项目，因此该区应注重配套与中草药基地打造与之相匹配的田块、配套设施等，并兼顾观光、采摘、科普等。针对产业发展方面，一是周边存在未利用的零星地块，旱地台面凌乱，利用效率不高，撂荒严重等；二是原有渠堰损坏严重，已不能使用，而区内坑塘又分布于低洼区，不能实现自流灌溉；三是无田间道路通达耕作区，耕作管理不便，经营成本较高；四是发展观光、采摘、科普等项目的设施不足，不具备发展"旅游＋"的条件；五是该区现有废弃茶园一处，具备开发整治的潜力。针对生态景观环境方面，一是农田作物种植单一，造成景观单一和植物异质性下降，导致生态服务功能降低；二是现有塘堰消落带植物缺乏，景观效果差，且缺乏拦截农田残留农药、化肥的缓冲地带；三是区内房前屋后自留地闲置，绿化较少，庭院空间房屋与菜园、院坝、林地等边界不清晰、院落通行道路差等。

综上，结合土地整治工程体系建设内容，本项目在该区可进行工程规划的内容有院落四旁地整治、废弃低效茶园整治、台面重构整治、灌溉输水管网铺设、田间道路整治或新修、湿地整治、缓冲带建设、观光廊架建设、休憩平台配套等。

（3）古村农耕文化体验区

该区以王家湾中国传统村落、王家湾水库为核心，结合周边稻田及"大田"区域自然、人文、产业资源，通过开发民俗体验、农事体验、民居文化展示、创意农业、乡村美食、民宿休闲度假、野湖生态观光等旅游项目，注重全域生态景观环境整治。针对产业发展方面，一是周边存在未利用的零星地块，部分旱地台面凌乱，利用效率不高，撂荒严重等；二是除王家湾水库区域外，坑塘较少，水资源分布不均，局部区域缺水；三是该区存在多处废弃茶园，具备开发整治的潜力；四是耕作区内无田间道路通达耕作区，耕作管理不便，经营成本较高；五是与民俗体验、农事体验配套设施不足，发展"旅游＋"条件不成熟等。针对生态景观环境方面，一是农田作物种植单一，造成景观单一和植物异质性下降，导致生态服务功能降低；二是化肥农药过量使用，畜禽粪便、农作物秸秆和农田残膜等农业废弃物处置不合理，导致面源污染严重和农田生态系统中资源型生物和益虫、益鸟的减少；三是王家湾水库区域林地植被结构和树种单一，林相单一，缺少季相变化和震撼的森林景观；四是房前屋后自留地闲置，绿化较少，庭院空间房屋与菜园、院坝、林地等边界不清晰、院落通行道路差等；五是库塘湿地消落带植物缺乏，景观效果差，且缺乏拦截农田残留农药、化肥的缓冲地带以及提升景观效应的生态设施等。

综上,结合土地整治工程体系建设内容,本项目在该区可进行工程规划的内容有坡改梯整治、院落四旁地整治、废弃低效茶园整治、台面重构整治、灌溉输水管网铺设、田间道路整治或新修、湿地整治、缓冲带建设、栖息地建设等。

(4) 隆平高科制种区

该区产业为发展水稻制种,注重农田污染治理,打造农田生态环境,同时通过完善农田耕作道路、排灌设施等,结合"旅游+"开发水稻制种科普教育等旅游项目。针对产业发展方面,现有梯田区域主要为水稻制种,由于常年耕作,利用良好,田块损毁和田坎垮塌现象较少;梯田以外区域,在存在未利用的零星地块,旱地台面凌乱、撂荒、田块破碎等和不满足高标等相关建设指标标准等,另外该区大寨门处存在废弃的茶园,具备开发整治的潜力。针对生态景观环境方面,一是梯田制种区由于化肥农药的使用,导致富余物质向低洼处水体富集,造成农田生态系统中资源型生物和益虫、益鸟的减少;二是农田作物种植单一,造成景观单一和植物异质性下降,导致生态服务功能降低;三是房前屋后自留地闲置,绿化较少,庭院空间房屋与菜园、院坝、林地等边界不清晰、院落通行道路差等;四是溪沟区域已形成了湿地景观,但消落带和与农田临界区植物缺乏,生态景观效果差,但具备打造湿地景观的价值,五是该区梯田景观效应较好,但无发展"旅游+"的基础配套设施。

综上,结合土地整治工程体系建设内容,本项目在该区可进行工程规划的内容有废弃低效茶园整治、台面重构整治、田间道路整治或新修、湿地整治、缓冲带建设、生态拦截带建设、渍水净化池及农资集散地修建等。

(5) 生态田园度假区

① 红枫湖都市休闲农庄

该区属于红枫湖都市休闲农庄流转范围,主要以鱼甲鳞水库为核心,着重开展生态农业示范、环湖休闲度假、田园农事体验、泛户外运动、民宿村落旅居等项目等。该区主要的产业空间布局区域由流转业主根据产业发展需要自行进行整治,现存在的主要问题是区域内道路环状网络未形成,且现有道路对内通行不足,另外该区靠明大路边现有废弃茶园一处,具备开发整治的潜力。生态景观环境方面,一是鱼甲鳞水库周边林地区域植被结构和树种单一,林相单一,缺少季相变化和震撼的森林景观;二是房前屋后自留地闲置,绿化较少,庭院空间房屋与菜园、院坝、林地等边界不清晰、院落通行道路差等,三是库塘湿地消落带植物缺乏,景观效果差,且缺乏拦截农田残留农药、化肥的缓冲地带以及提升景观效应的生态设施等。

综上,结合土地整治工程体系建设内容,本项目在该区可进行工程规划的内容有废弃低效茶园整治、院落四旁地整治、田间道路整治或新修等。

② 蓝莓樱桃采摘园

该区现有耕地已由大户流转用于栽种经果,品种为蓝莓和樱桃,未来主要发展特色水果采摘、乡村休闲等活动。针对产业方面,现该区经果园内正在铺设滴灌管网,但该区内无水源,外界进入的渠堰也已经损坏,进入经果园的道路全为土路,且无集中的农资堆放地等。

综上,结合土地整治工程体系建设内容,本项目在该区可进行工程规划的内容有灌溉输水管网铺设、田间道路整治或新修等。

（6）悬崖休闲度假区

该区主要利用独特的悬崖地形地貌、云海日出景观及开阔的视野，结合游客需求，开发临崖观光、霞蔚轩餐厅、星空营地、极限运动、休闲度假类项目。针对产业方面，一是黄家湾塘—悬崖之间区域存在未利用的零星地块，旱地台面凌乱、撂荒、田块破碎，不满足高标等相关建设指标标准。二是该区有废弃的茶园2处，具备开发整治的潜力。三是该区现有主路为满足旅游发展，需进行提挡升级并与项目区景观大道构成环线。针对生态景观环境方面，一是农田作物种植单一，造成景观单一和植物异质性下降，导致生态服务功能降低；二是房前屋后自留地闲置，绿化较少，庭院空间房屋与菜园、院坝、林地等边界不清晰、院落通行道路差等；三是库塘消落带和与农田临界区植物缺乏，生态景观效果差，但具备打造湿地景观的价值等。

综上，结合土地整治工程体系建设内容，本项目在该区可进行工程规划的内容有废弃低效茶园整治、台面重构整治、田间道路整治或新修、湿地整治、缓冲带建设。

（7）中药材景观大道

药材景观大道由北至南贯穿项目区（大顺—大田—天宝寺—新兴村），依据满足区域交通功能、构建生态景观环境的需要，对其进行整治，完善配套设施，同时在道路两侧种植富有观赏性、具有较高药用价值的中药材植物，满足中药材种植产业发展及养生景观环境打造的需求，同时对道路沿线存在的零星未利用地、旱地台面凌乱等地块进行整治，以满足景观类中药材种植。

综上，结合土地整治工程体系建设内容，本项目在该区可进行工程规划的内容有零星未利用地整治、景观大道整治、景观大道边坡及缓冲带整治等。

3.5.2　土地平整工程

1. 梯田整治

本次规划梯田整治位于项目区大田村四社千秋塝及周边区域，共计整治4个区域，整治面积为15.11 hm²，该区梯田现主要存在梯田旱作、撂荒面积大，田坎垮塌较多的问题，且存在水土流失现象。此次规划对原有梯田不做大的归并和平整，主要以恢复梯田蓄水能力、保证田坎稳固为主，同时注重生态、景观的原则。结合实地地形，本项目在梯田整治区域采用缓坡梯田的形式布局设计。

（1）田面平整设计：结合实地地形及区域面积和道路通达情况，项目区梯田整治均需采用人工施工，梯田整治分三种情况，一是梯田旱耕区，梯田经多年旱作，田面平整度低，犁底层损毁严重，田埂已被挖出，整治需对犁底层进行重构，平整田面，修筑田坎，采用"二犁、二耙"的方式进行，田面平整度应达到±3 cm；二是梯田水田区，现状利用良好，只需对田坎进行清理夯实后种植植被护坡；三是梯田荒废区，多年无人耕种，田块内杂树杂草茂盛，整治时应先清理杂树杂草，其他工序可按照梯田旱耕区进行。

（2）田坎设计：新修梯田的田坎均在原有梯田上进行修筑，高度根据实地田块高差进行设计,梯田土坎高度应不超过 2 m(表 3.3),石坎高度应不超过 3 m。在易造成冲刷的土石山区,应结合石块、砾石的清理,就地取材修筑石坎;在土质黏性较好的区域,宜采用土坎;在土质稳定较差、易造成水土流失的地区,宜采用石坎、土石混合坎或生态坎。

2. 坡改梯

本次规划坡改梯整治位于项目区大田村千秋塝、雷打石、寨子岭岗、黄家湾水库周边等区域,共计整治 5 个区域,整治面积为 4.61 hm²,待整治区主要存在台面凌乱、宽度不足、坡度较大、撂荒、景观效果差等现象。此次规划主要为台面降坡、平整及田坎修筑等,同时兼顾生态、景观的原则。结合实地地形,本项目在坡改梯区域采用陡坡梯田的形式布局设计。

(1)剖面设计:针对坡改梯的每个区域,选取不同的位置进行剖切,根据纵断面进行土坎位置的选取。剖面间距一般控制在 30～50 cm 之间,特殊地段不超过 60 cm。

表 3.3　田坎断面设计表

序号	田坎材质	高度(m)	主 要 设 计 内 容
1	土坎	0.6	清除下个田块表土层 0.2 m,宽度随设计而定,原田坎开挖成台阶,分台高度为 0.2 m 并夯实,在田坎修筑施工过程土坎采用分层夯实,分层高度为 0.2 m,并保证夯实的密度,土壤的含水量不得大于 20%,田坎外坡比为 1∶0.3,田坎内坡坡比为 1∶0.5,田坎顶端宽度为 0.4 m,埂高为 0.3 m,在田坎顶端及背坡撒播紫花苜蓿
2		0.8	
3		1.0	
4		1.2	清除下个田块表土层 0.2 m,宽度随设计而定,原田坎开挖成台阶,分台高度为 0.2 m 并夯实,在田坎修筑施工过程土坎采用分层夯实,分层高度为 0.2 m,并保证夯实的密度,土壤的含水量不得大于 20%,田坎外坡比为 1∶0.5,田坎内坡坡比为 1∶0.5,田坎顶端宽度为 0.4 m,埂高为 0.3 m,在田坎顶端及背坡撒播紫花苜蓿
5		1.5	
6		1.8	
7		2.0	

(2)田面平整设计:结合实地地形及区域面积和道路通达情况,不同的地块采用不同的施工方式,有田间道通达的区域采用机械施工,无田间道通达的区域面积较大的能够采用施工便道进入的采用机械施工,机械施工区域田面平整度为 ±10 cm。

(3)地力保持设计:结合项目土层厚度,确定坡改梯区域表土剥离的厚度为 0.25 m,因需进行降坡施工中会有深层土方移动,故设计区域均需进行表土剥离,采用机械施工,表土剥离采用 40～55 kW 小型推土机进行剥离。结合田块高差、交通状况和设计台面宽度,确定机械表土剥离采用单台横推、堆积、本地块覆土的方式进行,由于上下台高差较大,单台台面宽度较窄,机械施工存在安全隐患故不选择该方式。

(4)田坎设计:坡改梯田坎材质通过因素分析法确定,从安全稳固、生态、投资、景观、质量保障、后期维护、工期和材料保障、业主村社意见 8 大比选因子进行比选,安全稳固具有一票否决权,采用定性的分析方法,按优、良、中、较差、差 5 个等级确定。最终确定坡改梯设计采用生态袋田坎,不但能够满足设计强度的要求,而且集生态、环保、景观于一体。具体比选情况详见表 3.4。

表 3.4　坡改梯田坎材质选择比选表

田坎类型	种类	安全稳固	生态	投资	景观	质量保障	后期维护	工期、材料保障	业主村社意见	备　注
土坎	土坎	稳固	优	优	优	良	良	良	良	综合评价较高
生态护坡	棱格	稳固	良	中	良	优	优	中	良	施工难度大,材料不环保,硬质白色工程明显,景观性不强,管护、质量优良
生态护坡	工字格	稳固	良	中	良	优	优	中	良	施工难度大,材料不环保,硬质白色工程明显,景观性不强,管护、质量优良
生态护坡	空心六棱块	稳固	良	较差	良	优	优	中	良	施工难度大,材料不环保,硬质白色工程明显,景观性不强,管护、质量优良
生态护坡	植物篱	稳固	优	优	优	较差	差	良	差	景观性强,后期维护困难,群众接受度低,质量难以保障
生态护坡	生态袋护坎	稳固	优	良	优	优	优	优	中	综合评价较高
硬质护坎	石坎	稳固	中	中	良	优	优	较差	优	稳固,生态环保性较好,乡村常见,投资高,工期材料难以保障
硬质护坎	砼砌体坎	稳固	中	差	中	优	优	较差	优	稳固,生态环保性较好,投资比石坎高,与乡村景观兼容性低,工期材料难以保障
硬质护坎	拼接式砼坎	稳固	中	较差	中	优	优	较差	优	稳固,生态环保性较好,与乡村景观兼容性低,投资高,工期材料难以保障

　　结合设计断面,确定各个田块的田坎高度,项目坡改梯共设计以下几种高度的田坎:土坎分别为 0.5 m、0.7 m、1.0 m,生态袋分别为 0.9 m、1.05 m、1.2 m、1.5 m、1.8 m,所有田坎均在回填区域的原始地面线上进行修筑(表 3.5)。

3. 台面重构

　　本次规划待整治台面重构区域主要位于主要交通沿线等耕地集中的区域,产业规划以发展中药材种植为主,现主要问题为土层厚度多小于 50 cm,未形成台面、田面坡度多大于 15°,撂荒严重等。本次规划共涉及台面重构整治 9 块,整治面积为 2.9875 hm²,整治内容主要为台面降坡、田面平整、埂坎修筑、杂树清理等,并结合周边区域产业发展规划需求,兼顾生态、景观等需要。结合实地地形项目区台面重构采用陡坡梯田的形式布局设计。

表 3.5　田坎断面设计表

序号	田坎材质	高度(m)	主　要　设　计　内　容
1	生态袋	0.9	先开挖基础,深度为 15 cm,再修筑生态袋护坡,生态袋之间铺设经编涤纶土工格栅排水连接扣和无纺土工布,最后回填土方,撒播草种,种类为波斯菊、万寿菊、金盏菊、高羊茅,生态袋按横向错缝堆码,单层生态袋高度为 15 cm,宽度为 65 cm。田坎内外坡比按 1:0.3 堆码
2		1.05	
3		1.2	
4		1.5	
5		1.8	
6	土坎	0.5	土坎夯筑时,应采用分层夯筑,每层厚度不大于 200 mm;田坎修筑完成后在背坡撒播黑麦草草籽,并在背坡顶端种植黄花
7		0.7	
8		1.0	

(1) 剖面设计:针对台面重构的每个区域,选取不同的位置进行剖切,根据纵断面进行土坎位置选取。剖面间距一般控制在 30~50 m 之间,特殊地段不超过 60 m。

(2) 田坎设计:结合实地情况及原有台面,田坎设计为土坎,不但生态环保,又能够与周边环境协调。土坎设计高度分别为 0.5 m、0.7 m、1.0 m。田坎在整治后的台面上进行修筑,结合实地土壤条件,田坎高度设计分别为 0.5 m、0.7 m、1.0 m,顶宽为 0.5 m(黄砂土壤黏性较低,顶宽设计为 0.5 m,经沉降和耕种后能够形成不低于 0.3 m 的稳固土坎),底宽分别为 1.3 m、1.5 m、1.8 m,外坡比为 1:1,田坎高出地面 0.1 m,背坡撒播多年生黑麦草,田坎顶种植黄花,按 3 株/m 设计。

4. 废弃低效茶园整治

本次整治废弃茶园共计 11 处、面积共计为 8.71 hm²,其中涉及茶园用地面积为 7.05 hm²,整治内容主要为台面降坡平整、茶树清理,田坎修筑等。结合实地地形项目区废弃低效茶园整治采用陡坡梯田的形式布局设计。

(1) 剖面设计:针对废弃低效茶园整治的每个区域,选取不同的位置进行剖切,根据纵断面进行土坎位置选取。剖面间距一般控制在 30~50 m 之间,特殊地段不超过 60 m。

(2) 田坎断面及平整和表土剥离回填:平整和表土剥离回填参照项目坡改梯进行设计,田坎设计分为 2 种:土坎和生态袋坎,生态袋田坎设计 4 种高度的田坎,分别为 1.05 m、1.2 m、1.5 m、1.8 m。设计参照坡改梯的生态袋田坎设计。土坎设计高度分别为 0.5 m、0.7 m、1.0 m。田坎在整治后的台面上进行修筑,结合实地土壤条件,田坎高度设计分别为 0.5 m、0.7 m、1.0 m,顶宽 0.5 m(黄砂土壤黏性较低,顶宽设计为 0.5 m,经沉降和耕种后能够形成不低于 0.3 m 的稳固土坎),底宽分别为 1.3 m、1.5 m、1.8 m,外坡比为 1:1,田坎高出地面 0.1 m,背坡撒播多年生黑麦草,坎顶种植黄花,按 3 株/m 设计。

5. 院落四旁地整治

本次规划共计整治院落四旁地 98 块,整治面积为 3.78 hm²,同时根据实际地块条件、配置栅栏 69 处,长度为 4362 m。院落四旁地整治均位于田间道周边,整治内容主要为林盘清理、平整翻耕、小田块归并、埂坎修筑等,设计采用机械进行平整、翻耕、清杂等工序,田间平整度应小于 10 cm。

(1) 土坎工程设计:土坎设计高度分别为 0.5 m、0.7 m、1.0 m。田坎在整治后的台面上进行修筑,结合实地土壤条件,田坎高度设计分别为 0.5 m、0.7 m、1.0 m,顶宽 0.5 m(黄砂土壤黏性较低,顶宽设计为 0.5 m,经沉降和耕种后能够形成不低于 0.3 m 的稳固土坎),底宽分别为 1.3 m、1.5 m、1.8 m,外坡比为 1∶1,田坎高出地面 0.1 m,在背坡及顶端穴播黄药菊(间距 15 cm,70 kg/hm²),并在顶端种植黄花(3 株/m)。

(2) 石坎工程设计:石坎高度为 0.8 m、1.2 m,采用浆砌块石。新修 0.8 m 高四旁地石坎顶宽为 0.4 m,底宽为 0.5 m,外坡比为 1∶0.2,工作预留面设计宽度为 0.2 m,石坎基础深 0.3 m,石出露地面高度设计为 0.8 m,石坎顶部采用 10 cm 厚的 C20 砼压顶,石坎渗水孔采用 ∅50 mm PVC 管,在低于上田面 0.5 m 以下开始设置,间距为 1 m,交错布设,而超过 10 m 长度的石坎,因基础承载力存在差异,因此设计每隔 10 m 预留一条变形缝,缝宽 2 cm。

新修 1.2 m 高四旁地石坎顶宽为 0.4 m,底宽为 0.64 m,外坡比为 1∶0.2,工作预留面设计宽度为 0.2 m,石坎基础深 0.4 m,石出露地面高度设计为 1.2 m,石坎顶部采用 10 cm 厚的 C20 砼压顶,石坎渗水孔采用 ∅50 mm PVC 管,在低于上田面 0.5 m 以下开始设置,间距为 1 m,交错布设,而超过 10 m 长度的石坎,因基础承载力存在差异,因此设计每隔 10 m 预留一条变形缝,缝宽 2 cm。

(3) 背沟工程设计:院落四旁地整治背沟采用土质背沟,采用倒梯形,底宽 0.3 m,顶宽 0.48 m,高度为 0.3 m,沟壁坡比为 1∶0.3,直接采用人工开挖形成。

(4) 田块栅栏工程设计:田块栅栏选择与乡村景观相协调的竹木栅栏,立柱选用 ∅60 mm 防腐木稳定柱,埋深 0.2 m,总体高度为 1.25 m,间距为 1 m,格网选择直径为 2~3 cm 经防腐处理的斑竹,采用菱形的方式铺装,用扎丝固定。

6. 零星整治

本次共计整治零星地块 30 块,面积为 0.85 hm²,采用人工施工的方式对面积较小且便道难以到达的零星地进行清杂、平整翻耕等,人工施工区域田面平整度为 ±5 cm。

7. 田块归并

本次规划共计实施田块归并 8 处,面积为 0.31 hm²,主要整治内容为田块归并、平整翻耕等。整理前应先将地表附着物杂草进行清理,然后进行表土剥离,对田块进行归并时应由高向低进行土方移动,并找平田块,田块找平后均将剥离表土进行均匀摊铺,采用人工对归并后田块进行深翻。

8. 耕作下田梯步

为便于群众耕作上下田,本次根据地形条件和实际需要在项目区共计规划新修耕作下田梯步 12 座。原有基础宽度不够时,修筑前应拓宽路基,采用人工平土的方式,基础采用 100 mm 厚的 C15 混凝土垫层,再铺设 30 mm 厚的 1∶2.5 硬性水泥砂浆,顶部铺设 50 mm 厚青石板路面,梯步路面铺设时,应错缝铺设,满足道路的观感性,石板铺装后的灰缝,应采用干石灰粗砂扫缝后,在洒水封缝,由于工程量较小,不纳入计量。

3.5.3　灌溉与排水工程

灌溉与排水工程是在对项目区洪、涝、旱、渍等进行综合治理和水资源合理利用的原则下,以产业发展、生态环境保护、景观提升为基础,以服务产业发展需求、提高生物多样性、解决土地利用限制因素为目的,对水土资源、排灌沟系统及其建(构)筑物进行改造。

1. 水源工程

（1）整修山坪塘

本次规划整修山坪塘3座，整修山坪塘时应根据所在区域产业分区及生态环境景观要求进行一塘一设计，在保证正常蓄水的同时注重环境保护和景观提升。

整修山坪塘-01，现有山坪塘塘坎垮塌严重，蓄水量小，规划对其进行整修。设计只对塘坎进行整修，垫层采用C20混凝土，宽0.5 m，厚0.3 m，边墙采用0.2 m厚的C20混凝土现浇＋0.1 m石板护坡，高1.61 m，坡比采用1∶0.5；栏杆采用预制混凝土栏杆、安装完成后表面刷仿木漆处理；排水措施采取∅250 mm PE管进行泄水。为方便取水，设置取水梯步，梯步宽1.5 m，踏步宽300 mm，高150 mm，梯步踏步、平台和两侧采用C20砼浇筑，梯步边墙用C20砼现浇，厚300 mm，边墙内部用素土回填夯实。

整修山坪塘-02，现有山坪塘塘坎垮塌严重，无法蓄水，规划对其进行整修，不但可以作为中药材的灌溉水源，还可以作为管道尾水的承泄区。设计只对塘坎进行整修，垫层采用C20混凝土，宽1 m，厚0.3 m，边墙采用C20混凝土现浇，高2 m，宽0.5 m，每隔5 m设置伸缩缝，采用沥青油毡填缝；山坪塘上端采用1∶1放坡处理，种植按每平米种植6株迎春，美化环境的同时，还能稳固边坡；栏杆采用预制混凝土栏杆、安装完成后表面刷仿木漆处理；排水措施采取∅250 mm PE管进行泄水。为方便取水，设置取水梯步，梯步宽1.5 m，踏步宽300 mm，高150 mm，梯步踏步、平台和两侧采用C20砼浇筑，梯步边墙用C20砼现浇，厚300 mm，边墙内部用素土回填夯实。

整修山坪塘-03，现有山坪塘塘坎垮塌严重，蓄水量小，规划对其进行整修；主要来水为田间道路边截水沟截水流入以及附近水田排水。设计只对塘坎进行整修，垫层采用C20混凝土，宽0.5 m，厚0.3 m，边墙采用0.2 m厚的C20混凝土现浇＋0.1 m石板护坡，高1.61 m，坡比采用1∶0.5；栏杆采用预制混凝土栏杆、安装完成后表面刷仿木漆处理；排水措施采取∅250 PE管进行泄水。为方便取水，设置取水梯步，梯步宽1.5 m，踏步宽300 mm，高150 mm，梯步踏步、平台和两侧采用C20砼浇筑，梯步边墙用C20砼现浇，厚300 mm，边墙内部用素土回填夯实。

（2）整修山坪塘

本次规划蓄水池的类型可分为两类，一类用作输水管网中转池，位于双无坝背坡、黄家湾塘垭口和鱼甲鳞水库路边坡上，共计3座；另一类位于地势较高旱地区域，用作存蓄该区域的补充灌溉用水，共计5座。蓄水池在布局时根据所在区域产业分区及生态环境景观要求进行一池一设计，在保证正常蓄水的同时注重环境保护和景观提升。

在考虑蓄水池池型结构受力条件及建筑材料运输、施工便捷、效益好的前提下，本项目修筑圆形现浇钢筋混凝土蓄水池，个别蓄水池根据实地地形和需水量对原有利地形进行异形修筑，然后对四周进行修筑池壁蓄水。圆形蓄水池有100 m³和200 m³，异形蓄水池有400 m³、500 m³和1000 m³。

（3）新修囤水田

本次规划结合自然条件和水源分布情况、高标准农田建设标准和产业分区发展目标等，考虑布局囤水田，用以解决灌溉及农业生产所需用水。本次规划囤水田均位于离水源较远且常年缺水的地势较高的水田区域，共计规划囤水田6座。囤水田布设时尽量考虑蓄水位置最佳，辐射面积最大的原则。

2．输水工程

本项目采用管道进行灌溉用水输送，用以解决灌溉及农业生产所需用水。总之，采用管道灌溉，其特点是：一是管道输水减少了输水过程中的渗漏与蒸发损失，使得灌区管道系统水利用系数达到 0.90 以上；二是管道灌溉只要打开开关随时用随时有水，方便灌溉，节约了灌溉时间；三是后期方便管理，维护成本较低，四是施工便利，一般施工用工少，工期较短等。

为解决梯田大面积旱作或撂荒的问题，规划共计铺设输水管道 22 条，总长度为 13862 m。管道铺设线路原则上沿道路和原有渠堰进行铺设，管道铺设时应根据取水方式、实际需要等配备虹吸、进出水口、警示桩、镇墩、节点、检查井、给水栓、排气阀、闸阀井等附属设施。

3．排水工程

（1）新修排水沟

综合项目区的实地情况和自然条件，对梯田区域有天然冲沟的，可作为排水沟使用，无须考虑新设排水沟。对于无排水设施、容易在暴雨形成涝灾的，需要布设一条排水沟以完善该区排灌体系。布设排水沟时应考虑过沟盖板、挡水坎等设施，同时注重与生态环境和景观的协调。本项目新修 1.0 m×1.15 m 排水沟 1 条，长度为 420 m，控制排水面积为 0.26 km²，排泄能力为 3.22 m³/s。具体设计如下：

新修 1.0 m×1.15 m 排水沟（软基段）：先进行沟槽开挖并夯实基础后，铺设 120 mm 厚的预制空心板，宽 2.0 m、厚 0.12 m，底板每隔 6 m 预留 0.02 m 宽伸缩缝，再修筑 M10 浆砌块石沟壁，沟壁厚 0.5 m，高 0.55 m，顶端采用生态袋铺筑，生态编织袋设计规格为 650 mm×330 mm×150 mm，设计为装土后规格，土源为就近开挖土，生态编织袋砌筑时按照 1:0.3 放坡安砌，共计安砌 4 层，安砌时应将草籽撒播生态袋内。为了不影响施工后农民的耕作，回填剩余的土方就近摊铺在农田当中，摊铺厚度不大于 10 cm。排水沟两侧每隔 10 m 预埋 PE 管放水口，单个放水口 PE 管长度为 2 m，弯头 1 个。

新修 1.0 m×1.15 m 排水沟（硬基段）：排水沟底部采用矩形断面，顶部采用梯形断面，基础为坚硬岩石；基础开挖石方，边墙利用原坚硬岩石，顶端采用生态袋铺筑；生态编织袋设计规格为 650 mm×330 mm×150 mm，设计为装土后规格，土源为就近开挖土，生态编织袋砌筑时按照 1:0.3 放坡安砌，共计安砌 4 层，安砌时应将草籽撒播生态袋内。为了不影响施工后农民的耕作，回填剩余的土方就近摊铺在农田当中，摊铺厚度不大于 10 cm；石方外运至整修田间道，铺设路基，运距 300 m；排水沟两侧每隔 10 m 预埋 PE 管放水口，单个放水口 PE 管长度为 2 m，弯头 1 个。

新修 1.0 m×1.15 m 排水沟（过沟盖板）：每隔 50 m 设置一座过沟盖板，具体位置可根据实地情况调整；盖板采用钢筋混凝土板，强度为 C20，墩子采用 C20 混凝土；盖板厚度设计为 150 mm，钢筋配置为横向 11C12，纵向 8C10。

（2）新修排洪沟

项目区的下大河田冲沟区域，由于汇水面积较大，且原有沟体年久未疏通已被填平，导致每年均会淹没。同时从生态环境治理和景观提升的角度考虑，现需在该区重新布设一条排洪沟，引流洪水，本项目新修排洪沟 1 条，长度为 493 m，排泄能力为 13.47 m³/s。具体设计为：排洪沟采用倒梯形断面，下底宽 2.5 m，顶宽 4.2 m，高 1.7 m；沟壁垫层采用 0.3 m 厚的 C20 混凝土现浇，宽 0.85 m，边墙采用 M10 浆砌块石，厚 0.4 m，坡比为 1:0.5，表面勾皮带缝处理；排洪沟底部采用 0.3 m 片石散铺，沟壁顶端采用 0.2 m 厚的 C20 砼压顶，临田一侧宽1 m，靠坡一侧宽0.5 m；临田一侧高出田块0.3 m，靠坡一侧设置1 m的土坡，坡比为1∶1，种植波斯菊/万寿菊/金盏菊/高羊茅，靠压顶区域形成0.5 m宽的土质平台，按2 m/株种植厚朴，干径2～3 cm。为了不影响施工后农民的耕作，回填剩余的土方就近摊铺在农田当中，摊铺厚度不大于10 cm。排洪沟每隔100 m设置一处挡水坎，起到挡水减缓水流速度、拦污、拦砂的作用。挡水坎采用C20混凝土现浇，并设置放空孔，放空孔采用200 mm PE管，村民可采用木板进行挡水；挡水坎前端现浇坡比为1∶0.5，后端采用阶梯消能，顶宽0.5 m。

（3）路边沟

地势海拔较低部分区域存在雨水汇集到田间道冲刷路面的情况，严重影响道路使用年限。因此根据项目区地形条件和雨水汇集情况需布设一定数量的路边，路边沟沿田间道布设，原则上只布设道路一侧。本次规划共布设田间道路边沟7条，总长度为2092 m。

路边沟Ⅰ型设计：土石方开挖工程已计入田间道路基土石方计算中，单体设计不单独计算土石方；基础夯实后，采用现浇100 mm厚的C20混凝土底部，宽0.7 m，再现浇200 mm厚的C20混凝土沟壁，宽0.2 m，高0.35 m，路边沟沟底和沟壁每间隔5 m预留2 cm宽伸缩缝。

路边沟Ⅱ型设计：土石方开挖工程已计入田间道路基土石方计算中，单体设计不单独计算土石方；基础夯实后，采用现浇100 mm厚的C20混凝土底部，宽0.7 m，再现浇200 mm厚的C20混凝土沟壁，宽0.2 m，高0.25 m，路边沟沟底和沟壁每间隔5 m预留2 cm宽伸缩缝。

3.5.4　田间道路工程

田间道路工程是土地整治工程体系的重要组成部分，关系到农业生产、交通运输、农民生活、旅游观光和实现农业机械化等各方面的需求，其布局要求有利于田间生产、劳动管理和相关产业发展，既要生产、生活，又要考虑生态、景观等，应与"田、水、林、村、草、村、沟、渠"结合布局。根据项目区产业发展规划和生态景观环境规划等相关规划，项目区区以中药材景观大道为主要的对外交通要道，该路与邻近项目区的明大路首尾相连，形成环道，其余道路以中药材景观大道和明大路为骨架，按照骨干道—主干道—次干道—生产路的层次呈网状布置。其布局还需要做以下优化：

需对骨干道整治为沥青路面，按照中药材景观大道的要求打造，以满足乡村旅游发展要求；

对主干道进行路面改造，并根据产业发展需求新修部分主干道路，并以此作为项目区路网构建的重要基础，同时兼顾生态环境保护与景观提升；

对次干道进行路面改善，对生产路进行整修或新建，以满足产业发展需求，并解决项目区主要居民院落和耕作田块，解决生产、生活相关问题，并主与生态的协同发展；

优化田间道路布局，连通断头路、规划生产路，提高小微型机耕率，提高土地的生产力水平；新规划的田间道、生产路尽量沿地形坡度设计，减少对地形地貌的改造，尽量不破坏植被，少占耕地，减少对地块的碎化，最大程度减少对环境的干扰；多样化生产路材质，满足生态化土地整治和田园休闲观光要求。

（1）田间道

田间道设计时速采用20 km/h，回头曲线路段设计速度采用10 km/h，受限路段停车视距不宜低于15 m，会车视距不宜低于30 m，超车视距不应小于80 m，当视距不足时宜设置凸镜以增大视距,圆曲线最小半径不宜低于 15 m,特地地段不宜低于 10 m,直线与小于圆曲线最小半径所规定不设超高的圆曲线最小半径相衔接处,可设置回旋线,也可用超高加宽缓和段相连接,最小纵坡应大于 0.3%,最大纵坡应不大于 10%,特殊地段最大纵坡不大于 13%。田间道整治可利用原有田间道的路段,经技术经济论证,最大纵坡值可增加 2%。当最大坡度超过 10%时,应在限制坡长处设置缓和坡段。缓和坡段的坡度应不大于 3%,长度应不小于 100 m。当受地形条件限制时,田间干道缓和段长度应不小于 80 m;田间支道应不小于 50 m。纵坡变化大于 2%应设置竖曲线,竖曲线宜采用圆曲线,圆曲线最小半径为 200 m,特殊地段 100 m,竖曲线最小长度为 50 m,特殊地段为 20 m。

（2）田间道路面

田间道面层一般可选用沥青、混凝土、泥结碎石等。田间干道路面材质优先采用沥青和 C30 混凝土,沥青厚度宜 60～80 mm,C30 混凝土厚度宜为 0.20～0.22 m,以生产为主的田间支道优先采用泥结碎石路面,厚度宜为 0.15～0.18 m,生活服务功能的田间支道优先采用 C25 混凝土,厚度宜为 0.18～0.20 m。路面所选材料应满足强度、稳定性和耐久性要求,硬化路面弯拉强度不低于 4.0 MPa,砂石路面弯沉值不小于 3 mm,其表面应满足平整、抗滑和排水的要求,行车道路面应设置双向或单向横坡,坡度为 1%～2%。路肩铺面的横向坡度值宜比行车道路面的横坡值大 1%～2%,田间干道路面高度应不低于田面 0.4 m,田间支道路面高度应不低于田面 0.3 m,根据路面平整需要,填方区路基可以更高。

（3）田间道路基

原有道路路基较好的可不再进行修筑,路基不好的需对其进行分析研究处理,充分考虑原有路基路面的材料结构,使修筑符合路基路面的标准要求,路基宽度应根据路面宽度、路肩宽度和边坡确定,宽度宜大于路面 0.2～0.4 m,路基施工应采用压实机具,采取分层填筑、压实。填方在 0.8 m 深度范围内,零填及挖方在 0.3 m 深度范围以内,其压实度必须达到 93%;填方在 0.8 m 深度范围以上,其路基压实度必须达到 90%以上。若压实度达不到要求,则必须经过 1～2 个雨季,使路基相对沉降稳定后,才能铺筑泥石路面或硬化路面。田间道垫层材质优先选用 6%水泥碎石稳定层,田间干道厚度不低于 20 cm,田间支道厚度不低于 15 cm,凝结碎石路面田间支道可不再设置垫层。

（4）基层

路基状况较差路段需设置基层,基层材质优先选用片石、卵石或碎石,田间干道厚度不低于 20 cm,田间支道厚度不低于 15 cm。地段最大纵坡不大于 15%。维修或改建生产大路,可利用原有生产大路路段,经技术经济论证,最大纵坡值可增加 2%。当最大坡度超过 10%时,应在限制坡长处设置缓和坡段。缓和坡段的坡度应不大于 3%,长度应不小于 100 m。当受地形条件限制时,生产大路缓和段长度应不小于 30 m。坡变化大于 2%应设置竖曲线,竖曲线宜采用圆曲线,圆曲线最小半径为 100 m,特殊地段为 50 m,竖曲线最小长度为 20 m,特殊地段为 15 m,生产大路纵坡变处应设置竖曲线,竖曲线宜采用圆曲线。竖曲线最小半径为 100 m,极限值为 80 m,竖曲线最小长度为 15 m。

（5）路面

生产大路面层一般可选用透水砖、混凝土、砂石和泥结碎石等。生产大路路面材质优先采用 C25 混凝土,厚度宜为 20 cm。路面所选材料应满足强度、稳定性和耐久性要求,硬化路面弯拉强度不低于 4.0 MPa,砂石路面弯沉值不小于 3 mm,其表面应满足平整、抗滑和排水的要求。

(6) 路基

原有道路路基较好的可不再进行修筑,路基不好的需要对其进行分析研究处理,充分考虑原有路基路面的材料结构,使修筑符合路基路面的标准要求。无积水和流水冲刷的地区可采用夯实素土路基,路基宜大于路面 0.2～0.4 m;在填方区和流水冲刷区宜采用片石、卵石或碎石路基,厚度不低于 20 cm,素土夯实路基施工应采用压实机具,采取分层填筑、压实,其压实度标准参照田间道建设标准执行。

3.5.5 农田防护与生态环境工程

本次农田防护与生态环境保持工程包括整治生态保育池、新修农田生态湿地、新修渍水净化池、库塘湿地化整治、新修缓冲带、沟头防护、中药材景观大道护坡、新修生态拦截带、新修截水沟、新修栖息地等。

1. 整治生态保育池

结合生态环境景观规划,按照核心区—廊道—踏脚石的生态网络空间划定,以现有坑塘为基础,结合产业分区规划,注重为产业服务和景观环境提升等,在千秋塝有机水稻种养基地区域内规划了 5 座生态保育池。

生态保育池现状为废弃的坑塘,塘坎有渗漏现象,整治时先对塘坎的迎水面和背坡进行整治,迎水面采用 0.1 m 厚青石板护坡,石板长度设计为 1.2 m,坡比为 1∶0.5,垫层采用 C20 混凝土,宽度为 0.4 m,高度为 0.2 m;塘坎左侧采用挡土墙护坡,高度设计为 1.5 m,采用 M7.5 浆砌块石,宽度为 0.5 m,垫层采用 C20 混凝土现浇,宽度为 0.9 m,高度为 0.3 m。背坡采用浆砌块石＋植被护坡的方式,总体设计高度为 2 m,块石设计高度为 0.5 m,宽度为 0.4 m,垫层采用 C20 混凝土现浇,宽度为 0.6 m,高度为 0.2 m。植被护坡区域设计高度为 1.5 m,夯填土形成 1∶1 边坡,常水位种植大花美人蕉和香蒲,大花美人蕉种植密度为 8 株/ 1 m²,香蒲种植密度为 12 株/1 m²,常水位以上种植迎春,按 6 株/平方种植;设置 3 处逃生梯步,采用 C20 混凝土现浇,宽度为 0.2 m,高度为 0.5 m,按 0.1 m×0.1 m 台阶浇筑;深水区植物配置为荷花和睡莲均按 1 株/平方种植,沉水种植苦草、金鱼藻、狐尾藻(混种)10 棵/1 m²,塘坎顶端采用石板汀步,石板规格选择 0.6 m×0.3 m×0.1 m,铺装方式为竖铺,间隔 0.15 m。

(1) 新修农田生态湿地

结合生态环境景观规划及土地整治工程体系,以溪沟或现有坑塘为基础,规划新修农田生态湿地,以保留和恢复溪沟或坑塘的原初性,净化水质,改善水生生物的生活环境,保护生物多样性,最终达到支撑生态-水环境治理和景观提升的双重效果。本次规划的新修农田生态湿地位于项目区的溪沟、大田、河沟等区域,共计 6 座。

农田生态湿地位于梯田整治区的大田村,主要设计内容包括湿地周边的削坡找平,挡水坎及溢水口的修建,植被的种植。① 挡水坎,农田生态湿地中修建挡水坎,能够起到挡水减缓水流速度,拦污、拦砂的作用,挡水坎底端采用 0.3 m 厚的 C20 混凝土,两端高于地面 0.2 m,坝体采用四类土回填夯实,边坡采用 1∶1,顶宽为 1 m,底宽为 3 m,高度为 1 m,采用复合土工膜,0.1 m 厚青石板铺装。② 溢水口,挡水坎布置 2 处溢水口,采用矩形断面,净宽

1 m,净高 0.3 m,边墙采用 0.2 m 厚的 C30 混凝土现浇,底板采用 0.1 m 厚的 C20 混凝土,溢水口顶端采用 0.15 m 厚现浇 C20 钢筋混凝土板。③ 植被种植,经过人工削坡找平后,种植植物,沉水植物为苦草、金鱼藻,狐尾藻(混种)10 棵/m²,深水区植物配置为荷花和睡莲均按 1 株/m² 种植,常水位种植大花美人蕉和香蒲,大花美人蕉种植密度为 8 株/m²,香蒲种植密度为 12 株/m²。

结合生态环境景观规划,结合土地整治工程体系,利用院落周边坑塘为基础修建渍水净化池,通过种植净化植物对生活污水进行末端治理,然后用于农田灌溉,同时兼顾生态景观提升,兼顾服务产业发展、提升经济效益、美化庭院环境等。本次规划的新修渍水净化池位于项目区的杨鹊湾、月亮井、牛场堡、四合头等区域,共计 12 座,其中新修渍水净化池涉及整治田坎,整治田坎先进行土方开挖,回填土形成。

浅水区植物配置主要种植大花美人蕉和香蒲,大花美人蕉种植密度为 8 株/m²,香蒲种植密度为 12 株/m²。浮水植物睡莲按 1 株/m² 种植,深水区植物配置为苦草、金鱼藻,狐尾藻(混种)10 棵/m²。

在面积较大的渍水净化池中修建生物栖息岛,新修渍水净化池一座,设计为圆形,半径为 2.6 m,均为回填土形成,圆中间回填种植土,栖息岛外围(半径在 1~2 m 之间)种植大花美人蕉,内围(半径在 0~1 m 之间)种植蒲苇,每平方米种植 6 株。

(2)库塘湿地化整治

结合生态环境景观规划、对位于旅游环线和重要节点的坑塘实施湿地化整治,通过库塘湿地化整治,营造多变的湿地景观,净化水质,美化水体景观,提升水体生物多样性。本次规划的库塘湿地化整治位于项目区的黄家湾塘、新塘(上)、跺子湾、大河田等区域,共计 3 座,主要对缺少植物的山坪塘栽种植物。植物配置为垂柳(3 m/株);紫薇(3 m/株)、美人蕉(8 株/m²);挺水植物种植菖蒲(12 株/m²)、荷花(1 株/m²);浮水植物种植水浮萍(10 株/m²)、凤眼莲(1 株/m²);浮叶植物种植睡莲(1 株/m²);沉水植物种植金鱼藻、狐尾藻(20 株/m²)。如遇现状已有乔木,且岸边坡度较大,则不栽种垂柳、紫薇、美人蕉。

2. 新修缓冲带

结合生态环境景观规划,按照核心区—廊道—踏脚石的生态网络空间划定,本项目以现有田坎、道路为基础,规划整治缓冲带为生态网络空间的廊道之一,结合现有农田、冲沟等边界林带,构造区域生态网络空间的连通。同时根据项目区的产业分区和景观提升要求,布设不同类型的缓冲带,吸引传粉昆虫和提供稻田害虫捕食性(蜘蛛、黑肩绿盲蝽、青蛙等)和寄生性天敌(寄生蜂)的栖息地,融入打造农业景观生物多样性保护和生境多样性治理的理念。本次规划按照田坎以及道路层次的不同,将新修缓冲带划分为四个层次,分别为农田缓冲带、生产路缓冲带、田间道缓冲带和中药材景观大道缓冲带,其中新修农田缓冲带 34 条,长度为 6281 m,新修生产路缓冲带 11 条,长度为 6261 m,新修田间道缓冲带 7 条,长度为 7531 m,新修中药材景观大道缓冲带 88 条,长度为 8361 m。

农田缓冲带 I 型:先整治原田坎,对原田坎进行拓宽,拓宽后顶宽 0.7 m,再铺设 10 cm 厚的青石板路面,青石板为竖向铺设,长 0.6 m,宽 0.3 m,间隔 10 cm。最后在田坎顶端及背坡种植胡萝卜 + 鼠尾草 + 亚麻 + 三叶草 + 薄荷,撒播标准为 3 g/m²,比例为胡萝卜 20%、鼠尾草 15%、亚麻 30%、三叶草 15%、薄荷 20%。

生产路缓冲带 I 型:在生产路两侧种植缓冲带,宽 50 cm,先挖填种植,再种植植物形成路肩,植物搭配为桔梗＋秋菊＋白芷＋艾蒿＋矮牵牛＋蜀葵＋亚麻＋委陵菜＋紫花地丁＋石竹＋三叶草,撒播标准为3 g/m²:比例为桔梗10%、秋菊10%、白芷10%、艾蒿10%、矮牵牛10%、蜀葵10%、亚麻10%、委陵菜10%、紫花地丁10%、石竹5%、三叶草5%。

田间道缓冲带Ⅰ型:在田间道两侧种植缓冲带,宽50 cm,先挖运种植土形成路肩,再种植植物,植物搭配为波斯菊＋邹菊＋地被菊＋矢车菊＋万寿菊＋天人菊＋艾菊＋松果菊＋花环菊＋洋甘菊等菊花,撒播标准为3 g/m²:比例为波斯菊10%、邹菊10%、地被菊10%、矢车菊10%、万寿菊10%、天人菊10%、艾菊10%、松果菊10%、花环菊10%、洋甘菊10%。

景观大道缓冲带:景观大道缓冲带分为Ⅰ型、Ⅱ型、Ⅲ型,在中药材景观大道两侧种植缓冲带,先平整土地,翻耕,再种植植物,Ⅰ型植物为厚朴＋佛手＋栀子花,Ⅱ型植物为厚朴＋牡丹＋芍药,Ⅲ型植物为厚朴＋连翘＋射干＋桔梗。其中厚朴由太极集团提供,种植间距为厚朴0.25株/m,佛手0.25株/m,栀子花16株/m²,牡丹5株/m²,芍药5株/m²,射干5株/m²,桔梗5株/m²,连翘2株/m²。

3. 沟头防护

通过实地踏勘,结合水土流失治理方法,项目区本次规划沟头防护整治区1处,位于杨鹊湾处,以减缓水土流失,同时结合产业分区和景观提升要求,对其进行整治。在沟头防护区,充分利用闲置农田设置阶梯状跌水和人工湿地(种植荷花、水浮萍、睡莲、金鱼藻等),并采用浆砌块石＋显花植物对田间道边坡进行生态护坡,从源头减缓水土流失,提升农田景观,主要包含的工程有挡水坎修建,护坡修建,植物栽种。

挡水坎:挡水坎采用M7.5浆砌块石,顶宽0.6 m,底宽1.36 m,迎水面坡比采用1∶0.2,背坡采用阶梯消能,阶梯宽0.2 m,高0.2 m。垫层采用C20混凝土垫层,厚0.2 m,宽1.76 m。

护坡:垫层采用C20混凝土垫层,厚0.2 m,宽0.6 m,护坡总体高1.5 m,常水位采用M7.5浆砌块石,顶宽0.4 m,底宽0.4 m,高度0.8 m,常水位以上采用夯填土形成斜坡种植大花美人蕉和香蒲,按8株/m²、12株/m²种植。

植物:沉水种植苦草、金鱼藻、狐尾藻(混种)10棵/m²,挺水植物种植荷花,浮水植物种植睡莲,均按1株/m²。

4. 景观大道边坡治理、田间道边坡整治

为保证项目区中药材景观道路及其他田间道整治后安全耐久的使用,同时提升其景观性,现对其沿途存在安全隐患、地表裸露、景观效果差的边坡地段进行整治,以支持游览观光需要,边坡治理应突出中药材主体,植物配置选择具有景观性的中药材品种。

景观大道边坡治理(陡坡):生态编织袋设计规格为650 mm×330 mm×150 mm,设计为装土后规格,土源为就近开挖土,生态编织袋砌筑时共安砌9层,其中地面以上8层,埋入地面1层,生态袋装土前应在袋内撒播草种,所用生态袋应符合GB/J 17639—2008,经编涤纶土工格栅按照每一层生态编织袋设置一层,共设置8层,每层每米宽500 mm,在坡脚按每米2株栽种三角梅,在坡顶按每米3株栽种迎春,同时在生态袋底部沿平面处散播波斯菊、万寿菊、金盏菊、高羊茅混合的种子,宽度为50 cm。

景观大道边坡治理(缓坡):护坡基础采用现浇C20混凝土垫层,采用放大角的形式设计,宽0.7 m,厚0.2 m,挡土墙采用M7.5浆砌块石,高1 m,宽0.5 m,顶部采用10 cm厚的C20砼压顶。对原土质边坡进行削坡平整,平整后按16丛/m²种植栀子花,按1株/2 m²种

植紫薇。

田间道边坡:生态编织袋设计规格为 650 mm×330 mm×150 mm,设计为装土后规格,土源为就近开挖土,生态编织袋砌筑时共安砌 9 层,其中地面以上 8 层,埋入地面 1 层,生态袋装土前应在袋内撒播草种,所用生态袋应符合 GB/J 17639—2008,经编涤纶土工格栅按照每一层生态编织袋设置一层,共设置 8 层,每层每米宽 500 mm,在坡脚按每米 2 株栽种三角梅,在坡顶按每米 3 株栽种迎春,同时在生态袋底部沿平面处散播波斯菊、万寿菊、金盏菊、高羊茅混合的种子,宽度为 50 cm。

5. 新修生态拦截带

结合生态环境景观规划,在进入山坪塘及溪沟前设置生态拦截带进行生态化整治,过滤或拦截污染物,保护受纳水体,控制地表径流污染,同时合理搭配植物,提升景观环境,并兼顾经济效益进行规划。本次规划共布设生态拦截带 4 处,宽度在 3～5 m 之间。

植物配置:沙丘溪沟、新塘处布设乔灌草新修生态拦截带,形成生态植物篱。新修生态拦截带由乔灌草组成,其中乔木采用新银合欢(种植间距为 1 株/m²),灌木采用黄荆、马桑和木槿(种植间距为各 1 株/m²),草本采用黄花菜和香根草(10 株/m²、20 株/m²)。

田埂修筑:新修乔灌草新修生态拦截带部分区域需占用现状水田,因只是占用边角处,需要新修田埂,使得新修生态拦截带与水田隔开,先开挖淤泥,再夯筑田埂,田埂高 0.3 m,顶宽 0.4 m,坡比为 1∶0.5,田埂修好后,在田埂顶端及外坡撒播紫花苜蓿。

6. 新修截水沟

根据项目区新修蓄水池布局情况,对未与输水管道连接的蓄水池设置截水沟与之连接,以拦截坡面来水进入蓄水池,保障蓄水。本次规划新修截水沟 1 条,长 60 m。新修截水沟设计规格为 0.3 m×0.4 m,先人工开挖沟槽三类土,并找平底面,开挖时预留 20 cm 工作面,再现浇 10 cm 厚的 C20 砼底板,现浇 20 cm 厚的 C20 砼沟壁,每隔 5 m 预留一条伸缩缝和沉降缝,多余的土摊铺在田块中,摊铺厚度为 10 cm。

7. 新修栖息地

结合生态环境景观规划,在位于项目区的王家湾水库尾端,新修栖息地 2 座,以便于水鸟踏脚觅食等。生物栖息平台修筑前应对实地地形做分析,应修建在地势较平缓地段且人流较少区域,生物栖息平台木桩采用方形防腐木,规格为 0.1 m×0.1 m×H(高),防腐木桩插入地面以下不少于 50 cm,平面用小规格的防腐木,规格为 0.05 m×0.03 m×L(长)。

3.5.6 其他工程设计

其他工程以产业发展规划、生态环境景观规划等为基础,基于"山、水、林、田、湖、草、路、村"生命共同体理念,综合考虑农村经济发展、村庄建设、环境整治、生态保护、文化传承和基础设施建设等要素,进行针对性规划布设。本次其他工程的规划内容有新修居民点花池、新修廊架、配置灭虫灯和人工鸟箱、新修居民点栅栏、新修弧形挡墙、新修休憩平台、新修取水梯步、新修休憩长椅、新修农产品堆放平台、新修农资集散地和院坝整治等。

1. 新修居民点花池

根据项目区居民院落景观环境提升要求,现在中药材景观大道沿线、明大路沿线及重要道路沿线居民院落布设新修居民点花池,构造和谐、优美的人居环境和村容村貌,本次规划新修居民点花池 44 座,花池植物配置以中药材景观植物为主。

新修居民点花池I型:花池高 0.5 m,净宽 0.5 m,采用 M7.5 浆砌砖修筑,池壁厚 0.24 m,花池顶端和外壁使用 2 cm 厚的锈石黄光面铺装,每隔 50 cm 设置泄水孔,泄水孔规格为 0.05 m×0.05 m,采用预留方式。花池修筑完成后回填土,回填高度为 0.4 m,种植牡丹和栀子花。牡丹位于花池中部,牡丹冠幅 30～50 cm,间距 1 m,栀子花围绕牡丹种植,冠幅为 20～30 cm,种植标准为 16 丛/m²。

2. 新修居民点栅栏

根据项目区居民院落景观环境提升要求,现在中药材景观大道沿线、明大路沿线及重要道路沿线居民院落布居民点栅栏,构造和谐、优美的人居环境和村容村貌,本次规划新修居民点栅栏 107 处,总长度为 3116 m。栅栏采用成品防腐木栏杆,栅栏稳定柱采用 $\varnothing$60 mm 防腐木,支架采用直径为 2～3 cm 的斑竹,$\varnothing$60 mm 防腐木高度为 1.25 m,下埋深度为 0.2 m,间隔为 1 m。

3. 院坝整治

本次规划针对现有重要区域居民院落中的土质院坝进行了整治,以提升居民院落内部景观环境,本次规划院坝整治 11 处,总面积为 1840 m²。先对地坝进行平整夯实,夯实完成后铺设 0.1 m 厚的碎石和 0.1 m 厚的 C15 砼垫层,再铺设 0.03 m 厚的砂浆黏合层,最后铺设青石板,青石板规格为 600 mm×300 mm×100 mm;边带采用现浇 C20 混凝土,厚度为 20 cm,高度为 23 cm,顶部铺设石板。

4. 新修农产品堆放平台

根据项目区产业发展规划需求,结合观光旅游的发展,在项目区千秋塝区域和隆平高科区域设置新修农产品堆放平台,以便于临时物质存放和登高瞭景。本次规划结合实际地形条件,共计新修农产品堆放平台 3 座,面积为 877 m²。先对场地进行平整夯实,夯实完成后铺设 0.1 m 厚的碎石和 0.1 m 厚的 C15 砼垫层,再铺设 0.03 m 厚的砂浆黏合层,最后铺设青石板,青石板规格为 600 mm×300 mm×100 mm;边带采用现浇 C20 混凝土,厚度为 20 cm,高度为 23 cm,顶部铺设石板。

5. 新修农资集散地

根据项目区产业发展规划需求,结合观光旅游的发展及物质集散的需要,在项目区中药材景观大道沿线和重要节点区域设置新修农资集散地,以便于农产品的集散和车辆的上下货物。本次规划结合实际地形条件,共计新修农资集散地 8 座。

新修农资集散地 1 位于楼房区域,现场存在一定的坡度,实施时应进行土石方开挖形成 1∶25 的场地,开挖后的土石方应外运,土方散铺到周边地块,石方回填田间道路基,开挖形成场地后应进行平整夯实,场地东部开挖后形成边坡易垮塌,需设计浆砌块石挡土墙,挡土墙总体高 1.7 m,顶宽 0.4 m,下埋深 0.5 m,下埋段为矩形宽 0.64 m,上段为梯形,外坡比为 1∶0.2,并设置 50 mm PVC 泄水孔,挡土墙与场地结合处设置单沟壁背沟,底板宽 0.45 m,厚 0.1 m,沟壁宽 0.15 m,高 0.25 m,均采用 C20 混凝土现浇,挡土墙上端种植蝴蝶菊,种植宽度按 0.5 m 设计,密度按 10 株/m² 设计,场地垫层采用 0.15 m 厚碎石垫层,面层采用 Cc40 空心植草砖平铺,场地四周设置透水砖边带,宽度为 0.5 m,边带垫层采用 C20 混凝土垫层,厚度为 0.15 m,边带顶端采用 0.06 m 厚红色透水砖铺装。

6. 新修廊架

根据产业规划分区设施需求,在项目区中药材种植观光园配备廊架1处,长度为627 m,廊架植物配置以花草类为主。先开挖立柱的基坑,长宽均为0.9 m,深度为0.8 m,立柱垫层采用C15混凝土,长宽均为0.6 m,高度为0.1 m,立柱基础采用C20混凝土浇筑,长宽为0.5 m。高度为0.4 m,浇筑时应预留立柱安装的空间,立柱采用0.15 m×0.15 m规格的防腐木(方柱),高度为3.65 m,嵌入基础内深度为0.3 m,并采用角钢、双头螺栓及膨胀螺栓固定,角钢规格为L30 m×3 m,螺栓为∅10 mm镀锌双头螺栓,膨胀螺栓的规格为M10,所选防腐木应刷栗色漆,龙骨采用0.1 m×0.1 m规格的防腐木(方柱),与立柱采用角钢、双头螺栓及膨胀螺栓固定,搭接处还应采用M5镀锌自攻螺丝(铆固沉头处理),横向格网的采用0.05 m×0.05 m防腐木,每3 m安装6根,长度为4.0 m,与龙骨连接处采用M5镀锌自攻螺丝(铆固沉头处理)。

7. 新修休憩平台

根据产业规划分区设施需求,在项目区中药材种植观光园配备休憩平台3座,平台内配置桌凳,便于未来项目区游客观光休憩等。首先进行场地平整,长7 m,宽3.5 m。平整完成后开挖休憩桌凳支柱的基坑,采用圆形开挖,开挖半径为0.475 m,深度为0.35 m。支柱采用C20混凝土现浇,总体高度为0.95 m,下埋深度为0.25 m,采用圆形断面,半径为0.075 m。支柱底端采用放大角,厚度为0.15 m,放大角半径为0.175 m,圆形断面。桌面采用10 cm厚钢筋混凝土,圆形结构,半径为0.45 m。凳子采用圆弧形C20现浇混凝土,宽度为0.2 m,高度为0.3 m,外弧长0.785 m,内弧长0.575 m,与桌面外沿间隔0.1 m。桌面、桌沿及凳子3面均采用仿木漆漆面两次,休憩桌凳按休憩4人设计,桌面直径设计为0.9 m。然后铺设15 cm厚C15混凝土垫层,再铺设30 mm厚1:2.5硬性水泥砂浆,地面采用青石板铺设,规格为600 mm×300 mm×50 mm,应错缝铺设,满足道路的观感性。休憩平台周边种植花草带,宽度为0.5 m,植物为栀子花,按16株/m² 种植。

8. 新修休憩长椅

根据生态环境景观规划设施需求,在项目区1号农田生态湿地和1号新修排洪沟靠右边区域,结合新修生产路配置休憩长椅7座,以便于群众或游客休憩。开挖前平整场地,确保长椅长椅采用现浇C20混凝土,总长度为2 m,宽度为0.4 m,高出地面0.4 m,基础深0.6 m,两端采用圆弧形;基础开挖预留30 cm工作面;长椅3面均采用仿木漆漆面两次。

9. 新修取水梯步

根据生态环境景观规划设施需求,在项目区1号农田生态湿地区域配置取水梯步5座,以便于群众取水和游客亲水游憩。

1.7 m高取水梯步:修筑前应对池底进行淤泥开挖,开挖深度为0.5 m、宽度为1.4 m,确保基础达到承载力后浇筑0.1 m厚的C20混凝土垫层,取水梯步采用M75浆砌块石砌筑,池底线以上高度为1.7 m,梯步宽度为0.3 m,高度为0.15 m,砌筑完成后采用10 cm厚毛面青石板进行铺装,青石板铺装前应抹20 mm厚M7.5水泥砂浆铺底。

2.5 m高取水梯步:修筑前应对池底进行淤泥开挖,开挖深度为0.5 m、宽度为1.9 m,确保基础达到承载力后浇筑0.1 m厚的C20混凝土垫层,取水梯步采用M7.5浆砌块石砌筑,池底线以上高度为2.5 m,梯步宽度为0.3 m,高度为0.15 m,砌筑完成后采用10 cm厚毛面青石板进行铺装,青石板铺装前应抹20 mm厚M7.5水泥砂浆铺底。

10. 灭虫灯

为落实产业规划提出绿色或有机产品理念、以减少农药使用为目标,结合生态环境景观规划设施需求,在项目区布设灭虫灯22座。灭虫灯采用外购的成品太阳能灭虫灯,先进行基坑开挖,开挖深度为0.5 m,长宽均为0.6 m,基础采用C20混凝土浇筑,浇筑时应预埋∅18 mm螺栓,待基础成形后,进行安装。

11. 人工鸟箱

根据生态环境景观规划设施需求,为鸟类提供安全温馨的栖息场所,在项目区林地区域安装鸟箱18座。鸟箱直接购买成品木质鸟箱,采用人工安装,挂巢时必须采用梯子,需要2人扶稳梯子,严禁爬树,防止身体受伤和发生摔伤事故,准备好10~15 m长的绳子一根,作吊挂箱巢用,安装鸟巢时要采取安全措施,必须系安全绳索,鸟箱采用钉子固定,上下左右四个方向固定,保证鸟箱稳固。

3.6　效　益　分　析

3.6.1　生态效益

通过生态化土地整治,包括库塘湿地化整治、农田生态湿地整治、新修栖息地、新修生态拦截带、新修渍水净化池和整治生态保育池,以及养殖场、农药、化肥污染的农田渍水系统的治理、居民点生活污水处理系统的建设,农田缓冲带的设置,景观大道边坡治理,居民点人居环境改造、农产品堆放平台等措施,能较好地衔接项目区产业规划,乡村旅游规划、村规划等,修复和重构项目区的生态环境,减少水土流失,保护生物多样性,增强农业生态系统功能,改善和美化人居环境,建设美丽乡村,实现城乡生态文明协调发展。

3.6.2　经济效益

项目区位于某区西南部,属于农旅结合区域,新兴村范围内土地属于企业流转,围绕鱼甲鳞水库打造天宝农业生态园,实现了该区域老百姓的土地租金收益,结合项目区的产业规划,实施土地整治,推动项目区乡村旅游产业的发展,实现老百姓增收。一是通过土地整治,提高了耕地质量,改善了耕作条件,控制了劳动成本,并提高了农产品的产量,老百姓实现了农作增收;二是通过土地流转,老百姓实现土地租金收益;三是通过土地整合,形成农业产业化经营,在当地招工用工,让当地村民不离土、不离乡、无拆迁、不失权、不失业、就地成为服务业工人,一产直接变三产,实现老百姓增收;四是项目区乡村旅游的发展,老百姓可以自营或与企业联合经营餐饮、民宿等第三产业,实现老百姓致富,巩固扶贫成果。具体表现为以下几个方面:

(1)农业现代化水平显著提高,特别是农业机械化大大地降低农业生产环节的生产成本,预计水稻种植平均每亩产值达7000元,农民人均增收800~1000元,合计项目区农业产值增收达139.68万元/年。

（2）优化产业结构，更新农作物品种，提高现代农技服务水平，统一生产、加工、包装，提升农产品品牌价值，增加农产品附加值，通过发展生态循环农业、中药材种植加工业、乡村休闲文化旅游产业等，可实现农产品价格大幅提升，粗略估计增加的收益可达 1600 万元/年。

（3）通过实施土地整治及其他农田建设工程，保障了耕地的灌溉条件，故而使更多的水田实现了水旱轮作，增加冬春季油菜种植，增加种植面积约 104 hm²，除去生产成本，净收益约增加 103.5 万元/年。

（4）通过中药材种植加工业、乡村休闲文化旅游产业的建设，可实现当地或周边地区劳动力就地务工，可增加约 300 个岗位，农民利用农闲时间参加务工，一年约 150 天，按 80 元/天计算，当地群众全年可增加劳动收入 360 万元，按每家 1 人务工，则每家收入增加 1.2 万元/年。

（5）全方位提升项目区农旅结合发展水平，全面构建游客吃、住、行、游、娱、购等消费体系，拓宽了乡村休闲文化旅游产业项目，增加了项目区的人气，同时增加了收入，带动了地方经济增长。项目建成后预计项目区每年可吸引游客 3 万人次，按游客人均消费按 200 元计算（含吃、住、行等），则可增加旅游收入 600 万元。

3.6.3 社会效益

通过在项目区进行土地整治，可建成高标准基本农田 318.79 hm²，预计新增耕地 32.94 hm²。通过实施水田梯田整治、旱地坡改梯、坡改缓、废弃低效茶园整治、院落四旁地整治、台面重构、零星未利用地整治、田块归并等土地平整工程，耕地质量等级普遍提升 0.2；通过新修囤水田、新修蓄水池、整治山坪塘、新修提灌站配套输水管道、排水沟等灌排设施，能实现项目区中低产田的改造，提高耕地的利用效率；通过配套旅游观光型、农旅结合型、农业生产型田间道和生产路，能紧密地与项目区产业规划结合，并为产业的发展奠定基础，起到积极的推动作用。

总之，项目区建成后最大的社会效益：一是老百姓增收致富，推动了地方经济社会发展；二是满足周边地区乡村旅游市场需求，为周边区县居民提供了观光、休闲新去处；三是乡村旅游景区建成后，增加了餐饮、住宿、零售、农贸和景区管理等行业的就业机会，可吸引本地外出务工人员返乡创业；四是保护了耕地，建成了高标准农田，提升了耕地质量，提高了土地的产出价值；五是必将促进当地农业特色产业和乡村旅游业的发展，有利于发展农村经济，加快了社会主义新农村的建设。

3.7 拓 展 阅 读

3.7.1 权属调整的依据和原则

1. 土地整治权属调整依据

（1）法律依据

①《中华人民共和国宪法》；

②《中华人民共和国民法通则》；

③《中华人民共和国土地管理法》；

④《中华人民共和国土地管理法实施条例》；

⑤《中华人民共和国农村土地承包法》；

⑥《中华人民共和国农村土地承包经营权证管理办法》；

⑦《确定土地所有权和使用权的若干规定》；

⑧《土地权属争议调查处理办法》；

⑨《关于做好土地开发整理权属管理工作的意见》。

（2）政策依据

①《关于做好土地开发整理权属管理工作的意见》（国土资发〔2003〕287号）；

②《国土资源部关于加强农村土地整治权属管理的通知》（国土资发〔2012〕99号）

③《土地整治权属调整规范》（TD/T 1046—2016）。

（3）其他相关资料

① 项目区土地所有权、土地承包经营权或土地使用权权属调整意愿；

② 项目区土地权属现状调查结果；

③ 项目区1∶2000正摄影像图和1∶500地形图；

④ 土地权属登记资料、土地权属证书等。

2．土地整治权属调整原则

（1）依法原则

项目区土地权属调整依据土地管理法律法规，按照法律程序，通过申报、地籍调查、权属审核、注册登记和颁发土地证书等程序予以明确土地产权主体，核实、调整和确定土地所有权或使用权。依法改变土地权属和用途，应当办理土地变更登记手续。依法登记的土地的所有权和使用权受法律保护，任何单位和个人不得侵犯。

（2）自愿原则

政府鼓励土地整治，土地整治主要依靠农民集体经济的力量，经营规模和方式由集体经济组织自己做决定，政府进行宏观调控引导，其土地权属的调整，调整承包地或由本集体经济组织以外的单位或个人承包经营的，必须经过居民会议三分之二以上成员或者三分之二以上居民代表同意，并依法报经有关部门批准。

（3）稳定性原则

项目区对土地整治前后的土地行政界域和权属界线尽量保持一致，不做大的调整改变，以保持乡、村行政区域的相对稳定，把项目安排在一个行政区域内进行，避免产生新的土地纠纷，维护农村社会经济稳定。

（4）土地置换原则

项目区按照法定的程序和市场经济规律，充分运作等价交换、等质量替代的原则，通过协商，进行土地调整置换，使相同权属的土地适当集中，形成规模，实现土地资源的优化配置。

（5）合同约定原则

按照合同法的有关规定，凡涉及调整的土地权属主体都要以书面形式签订权属认可或协议等合同书，明确各土地权属主体及其相邻主体之间的责权关系。

（6）坚持与农业现代化建设相适应的原则

参与土地整治项目各方之间的飞地、插花地及交界处的不规则区域，应在各方协商的基础上，根据路、渠等线状地物做适当调整，尽量减少飞地、插花地和宗地数；同一承包人有若干地块时，面积小者应尽量向面积大者集中，以利于农业机械化操作和田间灌排水。

3.7.2　土地权属调整的程序和方法

按照《高标准基本农田建设标准》（TD/T 1033—2012）和《国土资源部关于加强农村土地整治权属管理的通知》（国土资发〔2012〕99 号）相关要求，在项目规划设计阶段，需要结合规划设计方案，编制土地权属调整方案，并由区人民政府批准，组织签订土地权属调整协议。

（1）在项目规划设计阶段成立由乡镇分管领导、村社干部为成员的权属调整小组。

（2）摸清土地权属调整区的权属和土地利用现状。权属调整小组和具有相关资质的测绘单位的测绘人员以项目区 1∶2000 无人机航测正摄影像图和 1∶500 现状图作为工作底图，开展项目区土地权属现状调查（土地所有权、土地承包经营权和土地使用权及土地权属调整的意愿调查），对土地权属调整的区域按逐个田块实地落实权属，最后由测绘单位按田块统计面积，包括土地权属调整区内土地所有权、使用权和农户承包经营土地的数量、位置和界线，填写土地权属调查表，编制土地权属现状图。

（3）土地权属调整前权属及面积的公示。将土地权属调整前的权属及面积成果在项目所在地的乡镇、村组进行公告，公告期不少于 7 天，并照相作为权属调整的附件，最终由农户签字按手印确认，确保地块面积、权利清楚。

（4）根据规划设计方案，按照土地整治前后面积不变、位置基本不变和集中连片的原则，按项目区内各组织及农户的原有土地面积或工程占地平摊的原则，沿田间道路、沟渠、田坎重新调整权属界线，编制土地权属调整方案，并制作土地权属调整图，填写土地权属调整表。

（5）土地权属调整方案的公示。将土地分配的面积、位置、数量及土地权属调整的相关图件，在项目所在地的乡镇、村组进行公告，公告期不少于 15 天。

（6）土地权属调整方案审批。土地权属调整方案经公告无异议或争议已解决的，在报经区级以上人民政府批准后，由乡人民政府组织权利人签订土地权属调整协议。

3.7.3　土地权属调整内容

1. 集体土地与集体土地之间土地所有权调整

（1）村界两侧，可按照等当量或等价原则进行调整，若土地质董相同，也可按等数量原则调整村与村之间的土地所有权。

（2）相邻村之间的插花地调整可按等当量原则进行调整。

（3）不相邻村间的插花地调整可按等当量原则通过各自相邻的村一起调整。

2. 土地整治项目过程中农户土地经营承包权的调整

（1）以"确权不确地"的原则，收回村社集体，统一经营和管理。

（2）按等质等量模式调整土地使用权。在土地流转集中很难实现的区域,在稳定经营承包权的基础上,按整治前后土地数量和质量相当模式将整治后的土地重新分配、认定,并签署土地权属界限认可书和土地经营承包权。

（3）按租赁模式调整土地使用权。在大部分农业劳动力缺乏的区域或企业有流转意向的区域,可按农民自愿的原则,将分户承包的土地适度集中,并将整治后的土地通过协议或招标的方式租赁给种田大户或企业,签订租赁合同。

（4）未实施土地平整工程区域涉及的道路、沟渠、池堰等工程占地由村社记录统计。

3. 土地整治后新增耕地使用权调整方式

国家投资土地整治项目属于政府公益性投资,应将新增耕地使用权归当地村集体,由村集体统一经营使用或由村集体租给种田大户,租金归集体所有。

3.7.4　土地权属调整异议处理

利用土地整治项目区1∶2000正摄影像图和1∶500地形图,查清各土地使用者的权属状况,由各村组织地块丈量,存在争议的土地,而又一时协商不了的,按现状进行统计,先测量出该地块的面积,把现场边界在图上(有争议地块的地界)标出,依法进行协商解决。

对权属调整有异议的土地所有权人、经营权人和使用权人,经协商不能解决的,争议由乡人民政府调处。集体经济组织内的农民对土地承包经营权调整有异议的,争议由村民委员会或乡人民政府进行调解。

对存在土地权属争议的,应当加大调处力度及时妥善解决,不得将争议土地纳入整治范围。

3.8　参考标准和规范

《土地整治项目规划设计规范》(DB50/T 1015—2020)

《土地整治项目规划设计规范》(DB42/T 681—2011)

《县级土地整治规划编制规程》(TD/T 1035—2013)

《土地整治项目制图规范》(TD/T 1040—2013)

《土地整治工程质量检验与评定规》(程 TD/T 1041—2013)

《土地整治项目验收规程》(TD/T 1013—2013)

《土地整治项目基础调查规范》(TD/T 1051—2017)

《市(地)级土地整治规划编制规程》(TD/T 1034—2013)

《土地整治项目设计报告编制规程》(TD/T 1038—2013)

《土地整治项目工程量计算规则》(TD/T 1039—2013)

相关的地方标准如下:

《土地整治项目工程质量验收标准》(DG/TJ08—2317—2020)

《土地整治项目规划设计规范》(DB50T 1015—2020)

案例 4　某水环境生态修复案例

4.1　案　例　背　景

当前我国已进入全面建成小康社会决胜阶段,正处于经济转型升级、加快推进社会主义现代化的重要时期,也处于城镇化深入发展的关键时期。通过本工程岸坡整治及周边生态环境建设等内容的实施,可维护岸坡稳定、确保人居安全;可治理改善生态环境、美化滨水空间;同时,还能为城市拓展区提供基础建设条件和良好人居环境。对促进库区移民安稳致富、推动地方经济社会发展和实现"两型社会"建设等方面都是十分重要和必要的。

该水环境生态修复工程包含环湖支沟生态修复项目与河段生态修复项目,它的实施能够进一步完善某区的防洪体系,稳定河道岸坡,加强某地城市防洪屏障,为周边居民提供一个可供休闲娱乐的场所,完善某街道公共基础设施。为某区的社会经济发展拓展空间,并提供坚实的基础和保障。其中,环湖支沟生态修复项目内容为水环境治理工程和某河滩水库周围山体汇水区域内支沟生态修复、治理。该水库库区周边农村存在面源污染问题,影响支沟水质,且支沟基本处于生态敏感、脆弱的区域,需要加以维护和修复,以保证河滩的山清水秀、生态产业与科创产业共融发展。

该水环境生态修复项目与未来防洪道路的实施息息相关,今后将形成连接某湖泊和某新城区的水岸骨架。其主要内容包括河源石水堰及护岸工程。检修养护道、休息平台、服务设施建设,植被修复以及基础水电工程。

4.2　研究区概况

4.2.1　地理区位

该工程所在区域,区位突出、交通便捷,是通江达海之地。地势以丘陵为主,横跨长江南北、纵贯乌江东西。地势大致为东南高而西北低,西北—东南断面呈向中部长江河谷倾斜的对称马鞍状。

工程区位于江北岸,地貌类型为河流侵蚀与构造剥蚀丘陵、中低山地貌,区内地形较简单,地貌单元单一,山脉大体呈北东—南西向延伸,与地质构造线基本一致。地形地貌严格受地质构造的控制,为一系列的北北东—北东向背斜山地和开阔的向斜槽地组成平行邻谷,山地一般海拔为 800~1000 m,谷地一般海拔标高为 300~500 m。

4.2.2　自然条件

该区属亚热带湿润季风气候区,具有春雨、夏伏旱、秋绵雨、冬干的特点。冬季流域受偏北气流的控制,气温偏低,降水较少。春季以后,降水天气系统逐渐形成并加强,太平洋副高西伸北跃,副高西部的西南气流带来孟加拉湾、南海的水汽不断面地向本流域输入,可在本流域形成较强的大雨或暴雨。7 月至 8 月,由于太平洋副高压或青藏高压相继控制本流域,出现连晴高温天气,常有伏旱发生。9 月以后,太平洋副高逐渐南退,又使降水显著增加,但强度一般较小,为持续不断的绵绵秋雨。

根据该区气象站实测地面气象资料统计,多年平均降雨为 1107.9 mm,多年平均气温为 18.2 ℃,历年最高气温为 43.5 ℃,最低气温为 −2.2 ℃。4 月至 10 月降水量占全年降水量的 90%,尤其以 6 月降水最为集中,12 月至次年 2 月降水为最小,仅占全年降水的 6%。多年平均日照为 1071.7 h。无霜期为 323 天,多年平均相对湿度为 80%,多年平均风速为 0.8 m/s,实测最大风速为 29.3 m/s,多年平均最大风速为 16 m/s,常以东北风为主。

工程区周边主要是大片的山体林草地,以及农林用地,水域主要为河道。场地两侧山体林草地与场地内相连,形成渗透相连之势,构成林带。林地植物本底优质,但缺乏多样性,且长势不均,以常绿落叶阔叶混交林为主,品种有刺桐、黄葛树、构树、枇杷等。其中下游部分有较多竹林,中游受人工干预较大,乔木较少。由于农耕开垦侵占河岸带,部分山体林斑退化,呈现生态单一化以灌草为主的植被形态。

4.2.3　水文条件

根据地下水的赋存条件可将工程区内地下水分为基岩裂隙水、孔隙潜水两种类型。基岩裂隙水主要赋存于基岩浅部裂隙发育部分,其富水程度受岩体风化程度、构造及裂隙发育程度控制,地下水多沿含水体层间运移,受大气降水补给,向沟谷排泄,富水性差。孔隙潜水主要赋存于河流两侧发育的第四系覆盖层中,受大气降水与河水补给,从上桥河流及其支沟排泄。上桥河流工程地表水总体由北西流向南东,两岸地形高,河床地形低,经对工程河段两岸进行水文地质调查,其土体中未见湿润、潮湿现象,岩质陡欠层面、裂隙中,未见地下水出露点。工程区地下水贫乏,主要的地表水为涞滩河水和支沟水,多补给地下水。

经钻孔水位观测,分布砂土和卵砾石钻孔水位与河水在同一高程,因此,该地层为强透水层;基岩和冲洪积粉质黏土为弱透水层。由于设计洪水位为 50 年一遇,在洪水位及其影响范围涉及的岩土体渗透系数,根据渗水试验和相关工程经验取得。各类岩土层的渗透系数分别为粉质黏土夹砂/粉质黏土夹碎石 9.6×10^{-6}~1.1×10^{-5} cm/s、人工填土/崩(坡、洪)积层 1.0×10^{-2} cm/s、基岩 1.0×10^{-6} cm/s。

本工程区为干湿交替的半湿润、湿润区,考虑到红层地区地质环境的地下水和地表相差不大,在此基础上,为判定环境水腐蚀性,利用涞滩河水样进行水质分析,成果如表 4.1 所示。

表 4.1　环境水质分析试验成果表

试验项目	SY1(下游)	SY2(上游)	腐蚀性评价
总硬度(mg/L)	251.41	145.61	—
永久硬度(mg/L)	67.81	19.23	—
暂时硬度(mg/L)	183.60	126.37	—
负硬度(mg/L)	0.00	0.00	—
总碱度(mg/L)	183.60	126.37	—
pH	8.42	8.25	>6.5,对混凝土结构无腐蚀性
游离 CO_2(mg/L)	0.00	0.00	—
侵蚀性 CO_2(mg/L)	0.00	0.00	<15,对混凝土结构无腐蚀性
$K^+ + Na^+$(mg/L)	77.80	22.90	—
Ca^{2+}(mg/L)	72.69	42.37	—
Mg^{2+}(mg/L)	16.98	9.67	<1000,对混凝土结构无腐蚀性
阳离子合计(mg/L)	167.47	74.94	—
Cl^-(mg/L)	90.73	31.96	1. SY1：$90.37 + 93.16 \times 0.25 = 113.66(100\sim500)$ 对钢筋混凝土结构中的钢筋有弱腐蚀性 SY2：$31.96 + 26.08 \times 0.25 = 38.48 < 100$ 对钢筋混凝土结构中的钢筋无腐蚀性 2. SY1：$90.37 + 93.16 = 183.53 < 500$ SY2：$31.96 + 26.08 = 58.04 < 500$ 对钢结构有弱腐蚀性
SO_4^{2-}(mg/L)	93.16	26.08	<250,对混凝土结构无腐蚀性
HCO_3^-(mmol/L)	3.669	2.525	>1.07,对混凝土结构无腐蚀性
阴离子合计(mg/L)	409.87	214.25	—

注:按照《水利水电工程地质勘察规范》(GB 50487—2008)附录 L《环境水腐蚀性评价》判定。

4.3　工 程 目 标

　　低干扰、原真性的原乡风景挖掘与呈现,河道周边有自然淳朴的风景和真实的乡愁记忆,设计避免采用过于市政化人工化的处理手法,以遵现状、低干预、去雕琢为主要思路,向场地内外的山、水、林、田借景、框景,呈现出最原汁原味的上桥乡村原景。

　　全线贯穿滨水生态修复与驳岸生态处理,依托该区域提供的滨水廊道,结合现状水系连通和整治,在满足防洪需求的基础上,针对不同驳岸现状进行差异化生态处理,使河流焕发勃勃生机。

4.4　建　设　原　则

以自然恢复为主,识别关键生态过程(地质灾害、生物保护、水文、游憩),通过"模拟生态安全格局、划定自然恢复范围、核定生态承载力"三大策略,实现由生态斑块、廊道、基质构成的既有生物栖息地的整体保护和自然恢复。

4.5　水环境修复措施

4.5.1　原石水堰及护岸工程

1. 设计依据

(1) 水文气象

多年平均气温为 17 ℃;

极端最高气温为 42.2 ℃;

极端最低气温为 -3.5 ℃;

多年平均降水量为 1116.9 mm;

多年平均风速为 0.8 m/s;

多年平均最大风速为 16 m/s。

(2) 地形地质资料

本次测量资料:1/500 河道带状地形图,沿堤现状纵断面图及 50~200 m 间距横断断面图。

根据《中国地震动参数区划图》(GB 18306—2015),确定本区地震动峰值加速度为 0.05g,相应地震基本烈度为Ⅵ度。《水工建筑物抗震设计标准》(GB 51247—2018),本工程可不考虑抗震设计。

(3) 其他设计依据

主要的依据如下:

① 水利部《关于做好重点地区中小河流治理规划编制工作的通知》;

②《全国重点地区中小河流近期治理建设规划工作大纲》;

③《长江流域综合利用规划简要报告》;

④ 某区某河流水环境生态修复(一期)可行性研究报告。

2. 工程等级和标准

（1）防洪标准和建筑物级别

根据《防洪标准》（GB 50201—2014）中 4.3.1 乡村防护区，保护耕地面积小于 2 万 hm^2，保护人口小于 20 万，防护等级 Ⅵ 等，防洪标准为 10 至 20 年一遇。根据本工程实际情况，防洪标准为 20 年一遇。

根据《堤防工程设计规范》（GB 50286—2013），确定堤防工程等级为 4 级，主要水工建筑物级别为 4 级、次要水工建筑物级别为 5 级。

（2）建筑物设计安全标准

① 堤顶安全加高

根据《堤防工程设计规范》（GB 50286—2013），按允许越浪考虑，4 级堤防工程的安全加高值为 0.3。

② 设计安全标准

本护岸工程措施级别为 4 级，根据《堤防工程设计规范》（GB 50286—2013），结合本工程的规模、治理工程的重要性，挡土墙抗滑、抗倾稳定安全系数应满足表 4.2 的规定。

表 4.2　挡土墙抗滑、抗倾稳定安全系数表格

地基性质	安全系数	正常运用条件	非常运用条件
土基	抗滑	1.2	1.05
	抗倾覆	1.45	1.35
岩基	抗滑	1.05	1.00
	抗倾覆	1.45	1.35

③ 抗震设计标准

根据《中国地震动参数区划图》（GB 18306—2015），工程场址地震动峰值加速度为 0.05g，地震动反应谱特征周期为 0.35 s，相应地震基本烈度为 Ⅵ 度，根据《水工建筑抗震设计规范》（DL 5073—2000），可不进行抗震设计。

合理使用年限及耐久性设计要求如下：

（1）根据《水利水电工程合理使用年限及耐久性设计规范》（SL 654—2014），4 级堤防的建筑物合理使用年限取 30 年，本工程护岸工程措施均为 4 级护岸，合理使用年限为 30 年。工程及主要建筑物的耐久性应不低于上述合理使用年限标准。

（2）本工程区位于淡水水位变化区。根据环境水质分析成果表明，场区环境水对混凝土及混凝土中钢筋微腐蚀性7，对钢结构具微腐蚀性。根据《水利水电工程合理使用年限及耐久性设计规范》（SL 654—2014），水工混凝土结构所处的环境类别为三类。钢筋混凝土结构最大裂缝宽度限值为 0.25 mm；配筋混凝土的强度等级不低于 C25，最小水泥用量为 300 kg/m^3，最大水胶比为 0.50，最大氯离子含量为 0.2%，最大碱含量为 3 kg/m^3，素混凝土强度等级不低于 C15。

3. 堤线布置

（1）堤线布置原则

依据《防洪标准》（GB 50201—2014）规定，岸坡工程布置在满足河岸防护功能要求的前提下,综合考虑城镇建设和生态环境等方面的要求,体现人与自然的和谐。堤线平面布置与堤型断面设计相互影响,经过反复调整使堤线平顺,达到安全、经济、适用的要求。本工程布置原则如下:

① 河堤堤线应与河势流向,并与大洪水的主流线大致平行。一个河段两岸堤防的间距或者一岸高地一岸堤防之间的距离应大致相等,不宜突然放大或者缩小。两岸堤距应满足行洪安全需要,必要时应退岸及清障,保证河道有足够的过水断面、以利洪水宣泄;

② 堤线的布置应充分利用有利地形,布置在地质条件较好,比较稳定的滩岸上,尽可能避开地质条件差的地段;

③ 堤线应力求平顺,各堤段平缓连接,不得采用折线或急弯,岸线应符合实际,尽可能考虑路堤结合、以利护岸管养和防汛抢险;

④ 尽量维持河道自然岸线、在保证行洪安全的前提下考虑与周围环境及生态景观的风格相协调;

⑤ 兼顾上下游、左右岸,均衡各地及各部门的要求,在满足水安全的前提下,结合城建、环保、交通、旅游、文化等的需要,统一协调;

⑥ 注重安全、经济、效益,充分体现"调整坡降,稳定河床,加固河岸"的山区河流治理利用模式,利用现有堤防及河流走向,合理布置,尽可能减少土地占压和拆迁,节省工程投资。

⑦ 充分结合三峡工程后续工作规划和涪陵高新区的相关规划,综合考虑沿河生态、环境和景观功能要求,努力营造滨河舒适亲水环境,体现人与自然的和谐,发挥工程综合效益,增强工程实施的经济性和可行性。

（2）堤线布置

本项目河道工程段位于上桥河水磨滩水库下游河段,现状地形为沟壑,河道平面走向基本定型,难以调整。因此本次河道工程平面布置唯一,只对局部河段修弯调顺。河道中心线及两岸堤线以现状冲沟中心线为参考,从北至南蜿蜒布置。上游起点为水磨滩水库溢洪道,终点为上桥河范家堡处;全程采用直线与曲线、曲线与曲线连接,最大弯曲半径为 100 m,最小弯曲半径为 20 m;河道中心线全长 5.17 km。河道中心线分别往两侧偏移一定距离后,形成基本河岸线,考虑湿地设置与景观打造需要,局部河岸线外扩成岛。堤线平面布置见表 4.3。

表 4.3　堤脚线主要坐标一览表

桩号	坐 标 值		桩号	坐 标 值	
	X	Y		X	Y
0+000.00	3295279.81	423660.64	0+707.79	3294745.69	423479.60
0+000.36	3295279.69	423660.98	0+753.59	3294703.23	423495.84
0+012.09	3295269.93	423664.35	0+774.44	3294684.12	423504.39
0+040.02	3293862.75	423652.59	0+797.97	3294662.94	423514.41
0+066.13	3295222.08	423640.07	0+821.29	3294641.28	423523.06
0+102.83	3295201.86	423609.72	0+890.48	3294579.50	423554.18

桩号	坐 标 值		桩号	坐 标 值	
	X	Y		X	Y
0+151.72	3295177.42	423567.44	0+925.63	3294546.50	423565.70
0+209.14	3295146.74	423518.92	0+938.04	3294534.48	423563.43
0+258.36	3295124.35	423475.11	0+959.21	3294514.07	423557.94
0+315.32	3295097.45	423424.97	0+986.53	3294489.53	423546.56
0+360.94	3295071.59	423388.26	1+026.23	3294460.63	423519.33
0+394.76	3295039.99	423390.49	1+057.76	3294439.52	423496.01
0+440.73	3295001.02	423414.31	1+090.29	3294414.58	423475.53
0+481.43	3294961.18	423421.13	1+121.37	3294390.80	423455.80
0+522.79	3294924.04	423435.06	1+145.15	3294371.78	423442.01
0+558.20	3294890.76	423445.76	1+160.29	3294360.93	423432.02
0+596.27	3294854.86	423458.15	1+174.27	3294352.64	423420.87
0+627.61	3294824.58	423466.03	1+186.43	3294342.45	423414.33
0+667.35	3294785.37	423472.17	—	—	—

4. 堤型选择

（1）护岸形式选择原则

河道标准断面形式的设计按照因地制宜、就地取材的原则，根据堤段所在的地理位置、重要程度、堤基地质、筑堤材料、水流及风浪特性、施工条件、运用和管理要求、环境景观、工程造价等因素，经过技术经济比较综合确定，具体遵循以下原则：

① 堤身断面形式的设计尽量利用原有断面结构，少挖（拆）或不挖（拆），同时兼顾加固后堤身和堤基的稳定要求。

② 根据不同堤段的具体情况，因地制宜地选择筑堤材料、堤身断面形式及防渗体设计；岸坡设计注重与周围自然景观协调。

③ 堤身断面形式应简洁、自然、亲水，充分考虑施工条件，满足运用和管理要求。

④ 根据城市发展规划，考虑近远期的结合，适应城市多功能高品位的建设目标和可持续发展的目标。

⑤ 在保证堤身断面结构安全可靠、经济合理的前提下，结合当地实际情况，积极采用新技术、新材料、新工艺，开拓新思路，突出科技含量。

（2）护岸形式比选方案

本工程比选了两个护岸形式方案：

方案1：叠石镇脚＋碾压土石斜坡体结构。本方案采用叠石作为镇脚，总高2 m，顶宽1.5 m，底宽4.2 m，干砌景观叠石，埋深1.5 m；镇脚以上采用镀高尔凡加筋麦克垫护坡，设计坡比为1：2.0，最大坡高为3.5 m，护垫厚30 cm，护坡播撒草籽绿化。

方案 2:混凝土镇脚＋碾压土石斜坡体结构。本方案采用 C20 砼作为镇脚,总高度为 2.0 m,顶宽 1.5 m,底宽 2.0 m,埋深 1.5 m;镇脚以上采用镀高尔凡加筋麦克垫护坡,设计坡比为 1:2.0,最大坡高为 3.5 m,护垫厚为 30 cm,护坡播撒草籽绿化。

(3)护岸形式比选

从工程布置上看,两方案均能满足工程布置要求;

从施工上看,方案 2 镇脚采用混凝土,施工受季节影响较大,需排水,施工临时工程较大;

从投资上看,方案 2 混凝土单价较高,投资较方案 1 略高。

从生态性上看,方案 1 镇脚为干砌,透水性好,生态性好;方案 2 采用混凝土,透水性差,对岸坡的生态性影响较大。

综合以上分析,所以本次堤型方案选择方案 1。

5. 工程总布置

本次新建护岸均布置于河道左岸,采用格宾挡墙、景观叠石＋碾压斜坡堤两种堤型、共计 1187.43 m,岸坡整治工程布置见表 4.4。

表 4.4　岸坡整治工程布置

位置	起　点	终　点	工　程　措　施	长度(m)
左岸	K0＋000	Z0＋066.13	格宾挡墙	66.13
	K0＋066.13	K0＋113.0	叠石镇脚＋碾压土石斜坡体	46.87
	K0＋113.0	K0＋148.0	格宾挡墙	35.0
	K0＋148.0	K0＋240.5	叠石镇脚＋碾压土石斜坡体	92.5
	K0＋240.5	K0＋274.0	格宾挡墙	33.5
	K0＋274.0	K0＋377.0	维持现状	103.0
	K0＋377.0	K0＋440.73	格宾挡墙	63.73
	K0＋440.73	K0＋522.79	维持现状	83.06
	K0＋522.79	K0＋558.20	格宾挡墙	35.41
	K0＋558.20	K0＋596.27	叠石镇脚＋碾压土石斜坡体	38.07
	K0＋596.27	K1＋186.43	维持现状	590.16

6. 堤身结构设计

(1)堤身结构设计

根据本工程的堤防高度,共分直立式格宾挡墙、景观叠石＋碾压土石斜坡堤两种堤型结构。

格宾挡墙高 1.0～2.0 m,顶宽 1.0 m,断面为矩形。

景观叠石＋碾压土石斜坡堤最大堤高 3.5 m,镇脚采用景观叠石,高 2.0 m,顶宽 1.5 m,底宽 4.2 m,采用干砌。斜坡体坡比为 1:2,采用土石碾压回填。坡面采用镀高尔凡加筋麦克垫护坡,坡面植草护坡。

（2）堤体材料设计

块石护脚：要求石料为抗风化性能好，质地坚硬；最短边尺寸不小于 15 cm，饱和抗压强度不小于 30 MPa，软化系数大于 0.75，块石孔隙率不大于 25%。

堤身填筑区：堤身填筑采用开挖料填筑，开挖料为卵石、粉质黏土、杂填土，其中卵石、粉质黏土为填筑材料。堤身填筑采用分层填筑，分层厚度小于 0.3 m，采用震动加水碾压。填筑要求压实度不小于 0.91，设计干容重不小于 18 kN/m³，渗透系数小于 1×10^{-4} cm/s。填筑前应进行碾压试验。

加筋麦克垫：是一种加筋的三维土工垫，它是将立体聚酯材料挤压于机编六边形双绞合钢丝网面上形成的。聚丙烯单位面积密度为 500 ± 50 g/m²；加筋网面材料规格为，网孔规格为 7 cm×9 cm，钢丝直径为 2.2 mm；空隙率大于 90%。加筋麦克垫顶部需埋入锚固沟，并用 U 形钉固定，U 形钉采用 $\varnothing 8$ mm 钢筋制作，梅花形布置，间距为 1 m；若坡度较陡固定困难，可适当增加 U 形钉用量。格宾与加筋麦克垫应根据不同的工程需要选用防腐镀层，对于一般的永久性工程多选用镀高尔凡防腐镀层。加筋麦克垫网面抗拉强度 35 kN/m，格宾网面抗拉强度 50 kN/m，均符合 EN 10223—3 标准。

（3）堤基基础设计

本工程计算最大冲刷深度 0.48 m，挡墙基础埋深不小于 1 m，满足冲刷深度要求。挡墙前采用块石回填，进一步增强抗冲刷能力。

（4）堤顶高程计算

① 安全超高的确定

根据《堤防工程设计规范》（GB 50286—2013）的规定，允许越浪的 4 级岸坡工程安全加高值为 0.3 m。

② 堤顶超高的计算

根据《堤防工程设计规范》（GB 50286—2013），堤顶高程按设计洪水位加上堤顶超高确定。堤顶超高为设计波浪爬高、设计风壅增水高度及安全加高之和。堤顶超高（单位为 m）为

$$Y = R + e + A$$

式中，R：设计波浪作用下爬高值（单位为 m）；

e：设计风壅增水高度（单位为 m）；

A：安全加高值。

其中，设计波浪爬高为

$$R_p = \frac{K_\Delta K_V K_P}{\sqrt{1 + m^2}} \sqrt{\overline{H}L}$$

式中，R_p：累积频率为 P 的波浪爬高（单位为 m）；

K_Δ：斜坡的糙率及渗透性系数；

K_V：经验系数；

K_P：爬高累积频率换算系数；

m：斜坡坡率，$m = \cot a$，a 为斜坡坡角（单位为°）；

$\overline{H}$：堤前波浪的平均波高（单位为 m）；

L：堤前波浪的波长（单位为 m）。

设计风壅增长高度（单位为 m）为

$$e = \frac{KV^2 F}{2gd} \cos \beta$$

式中，K：综合摩阻系数，取 $K = 3.6 \times 10^{-6}$；

　　V：设计风速（单位为 m/s）；

　　F：由计算点逆风向量到对岸的距离（单位为 m）；

　　d：水域的平均水深（单位为 m）；

　　β：风向与垂直于堤轴线的法线的夹角（单位为°）。

风浪要素为

$$\overline{H} = \frac{V^2}{g} 0.13\,\mathrm{th}\left[0.7\left(\frac{gd}{V^2}\right)^{0.7}\mathrm{th}\left\{\frac{0.0018\left(\frac{gF}{V^2}\right)^{0.45}}{0.13\left[\mathrm{th}\left(\frac{gd}{V^2}\right)^{0.7}\right]}\right\}\right]$$

平均波周期计算为

$$\overline{T} = \frac{V}{g} 13.9\left(\frac{g\overline{H}}{V^2}\right)^{0.5}$$

波长计算为

$$L = \frac{g\overline{T^2}}{2\pi}\mathrm{th}\frac{2\pi d}{L}$$

各段堤段堤顶超高计算成果见表 4.5。

多年平均最大风速以 22.5 m/s 计，风区长度以 500 m 计，平均最大护坡坡比为 1:2，安全加高以 0.3 m 计。具体计算结果见表 4.5。

表 4.5　堤顶超高计算结果表

风壅增水高度 e(m)	波浪爬高 R(m)	安全加高 A(m)	计算堤顶超高 Y(m)	设计堤顶超高 Y(m)
0.022	0.535	0.30	0.857	0.9

根据上述计算结果堤顶超高值为近 0.9 m，偏安全考虑，本次堤顶设计超高值取为 0.9 m。经计算，堤顶高程为 332.0～342.8 m。

（5）堤坡抗滑稳定计算

① 计算理论

本次设计采用简化毕肖普法进行抗滑稳定计算，计算软件采用理正边坡稳定计算软件。

② 计算参数

本工程堤身填筑料为河道开挖的砂卵石料，考虑到施工中不可避免的存在砂卵石料与土料混合问题，堤身填筑料按碾压后干密度控制，经碾压后的土石混合料参数要求见表 4.6。

③ 计算工况

护岸边坡抗滑稳定计算可分为正常情况和非常情况两种工况计算。

正常运用情况：

工况 1：设计洪水位下的稳定渗流期或不稳定渗流期的背水侧堤坡，由于背水侧后为陆域回填区，可不计算其稳定；

工况 2：设计洪水位骤降期的临水侧堤坡。

非常运用情况：

工况 3：施工期（含竣工期）的临水、背水侧堤坡，根据施工计划安排，堤后陆域回填区与堤防工程同步进行，因此可不计算背水侧坡，只计算临水侧坡。

表 4.6　设计参数表

土的名称	天然重度（kN/m³）	抗　剪　强　度	
		$\varphi(°)$	C（kPa）
粉质黏土（边坡）	19.0	28	15
碎砂卵石（水上）	18.5	33	0
砂卵石（水下）	18.5	33	0
土石混合料	19.5	33	0

④ 计算断面的选择

本次计算选取 0 + 102.82 m 护岸断面图，高度为本工程最大断面，能对整个工程起控制作用。

⑤ 计算成果

本阶段采用北京理正软件设计研究所编制的"边坡稳定分析软件"进行计算。整体稳定计算结果见表 4.7。

表 4.7　挡墙护岸整体稳定计算成果表

计算断面	堤高	工　况		计算值	允许值
K1 + 102.82	3.5	正常运用情况	Ⅰ	1.30	1.2
			Ⅱ	1.204	1.2
		非常运用情况	Ⅲ	1.34	1.1

从表 4.7 可以看出，堤身整体稳定抗滑安全系数均大于规范规定的允许最小安全系数。故堤身整体抗滑是稳定的。

（6）冲刷深度计算

堤岸的冲刷深度是合理确定堤防基础埋深的重要依据。堤基冲刷有纵向冲刷和斜向冲刷两种情况，根据《河道整治设计规范》（GB 50707—2011），冲刷深度计算方法如下：

① 水流平行岸坡冲刷

$$h_B = h_p + \left[\left(\frac{V_{cp}}{V_允} \right)^n - 1 \right]$$

式中，h_B：从水面算起的局部冲深（单位为 m）；

h_p：冲刷处的水深（单位为 m），以近似设计水位最大深度代替，本工程设计水位最大深度为 2 m；

V_{cp}：平均流速，根据水文计算成果，在设计洪水情况下，流速最大，冲刷深度也最大。本次取最大流速 5.97 m/s 作为计算依据，对较小洪水期间的冲刷能起控制作用。

$V_允$:河床上允许不冲流速,工程段河床为人工填土、粉砂、粉质黏土、卵石土等。根据《水力计算手册》(李炜,2006),取不冲流速为 0.12 m/s;

N:与防护岸坡在平面上的形状有关,一般取 $n = 1/4$。

② 水流斜向冲刷

$$\Delta h_p = \frac{23\tan\left(\frac{a}{2}\right)V_j^2}{\sqrt{1+m^2}\cdot g} - 30d$$

式中,Δh_p:从河底算起的局部冲深(单位为 m);

α:水流流向与岸坡交角;

m:防护建筑物迎水面边坡系数;

d:坡脚处土壤计算粒径(单位为 cm)(取按重量计大于 15% 的筛孔直径);

V_j:水流的局部冲刷流速(单位为 m/s),近似按设计洪水位时的平均流速代替。

防洪堤在其长度范围内流速、水流与岸坡夹角、坡脚处土壤计算粒径等选取砂卵砾石堤基段进行计算,经计算顺向冲刷深度为 0.63 m,斜向冲刷深度为 0.52 m。

③ 挡墙脚采用大块石回填压脚。

在水流作用下,护脚块石保持稳定的抗冲粒径(折算粒径,单位为 m,按球形折算)为

$$d = \frac{V^2}{2gC^2\dfrac{\gamma_s-\gamma}{\gamma}}$$

式中,V:水流流速(单位为 m/s);

C:石块运动的稳定系数;水平底坡取 0.9,倾斜底坡取 1.2;

γ_s:石块的重度,可取 26.5(单位为 kN/m³);

γ:水的重度,可取 10(单位为 kN/m³);

本项目中 V 以 3.5 m/s 计,C 采用 1.2。经计算,抗冲粒径为 0.4 m,即要求块石体折算粒径大于 0.4 m。由此计算,同时结合工程经验,挡土墙脚设护底块石重 0.09~0.1 t。

④ 防冲处理

根据以上计算成果,墙角最大冲刷深度为河床面最低处以下 0.48 m,同时为了防止洪水出现短暂集中的冲刷造成墙角被淘空,本次设计冲刷深度取 0.5 m,同时根据《水工挡土墙设计规范》(SL 379—2007)对挡墙埋置深度的要求,本次埋深取冲刷深度以下 0.5 m,经综合考虑设计挡墙埋深最大取 1 m。

7. 原石水堰

(1) 原石水源位置选择

根据治理工程的总体布置,工程河段共设置四道原石水堰。

从河道纵断面上看,河道上段(水库至 0＋527)河床比较较陡,平均比降 115‰,河道中段(0＋527 至 1＋736)段河床比降约 6.8‰,河道中段(1＋736 至汇合口)段河床比降约 20.8‰。河床中段以天然跌坎和水潭为界,上段平缓;平面上看,地形较为开阔,适合拦蓄水面形成水生态景观。

为减少原石水堰壅水对上游的影响,均布置置在河道相对开阔处,1 号原石水堰位于水磨滩水库坝址下游约 800 m 处,2 号原石水堰上距 1 号原石水堰约 360 m,3 号原石水堰位于现状跌坎处,上距 2 号原石水堰约 535 m。跌坎正下方河道开阔,呈现为喇叭口形态,为保

证跌坎正下方河道景观水体的形成,且为便于 3 号原石水堰的跌水消能,在喇叭口缩窄处新建 4 号原石水堰,与天然跌水和水潭结合布置。

(3)堰顶高程拟定

堰顶高程以在正常蓄水位情况下不淹没河滩耕地,且在 20 年设计洪水位下不淹没景观步道内侧耕地为原则拟定,同时考虑到后期运行安全,库水水深不宜超过 1.5 m。1 号原石水堰上游河滩耕地最低高程为 339.69 m,景观步道内侧耕地最低高程为 340.36 m,堰顶高程确定为 338.50 m,堰上水位(P=5%)为 340.73 m;对于景观步道内侧局部耕地防洪不达标问题,采用抬高景观步道高程拦挡洪水,内侧设置排水沟排泄至下游的方式解决。2 号原石水堰上游上游河滩无耕地,景观步道毗邻河道建设,景观步道为满足防洪高程需填筑垫高,为减少景观步道的填筑工程量同时尽可能拦蓄库水,堰顶高程确定为 332.50 m,堰上水位(P=5%)为 334.75 m;3 号原石水堰上游河滩耕地最低高程为 331.07 m,景观步道内侧耕地最低高程 333.02 m,堰顶高程确定为 331.0 m,堰上水位(P=5%)为 332.87 m。4 号原石水堰上堰顶高程确定为 324.0 m,堰上水位(P=5%)326.43 m。

(4)工程布置

1 号堰体采用 C20 砌块石,置于砂卵石层,建基面高程为 336.5 m,底宽 4.0 m。拦河堰上游设置土工膜铺盖,长 4.0 m,从下至上依次为粗砂支撑层(150 mm 厚)、复合土工膜(300 g/m²)、粗砂保护层(150 mm 厚)和干砌块石(300 mm 厚)。下游侧设置消力池,消力池长 4.0 m,深 0.5 m,采用 C20 砼砌块石(400 mm 厚)砌筑,消力池下部设置碎石反滤层和土工布。消力池底板设置 150UPVC 排水管,纵横间距为 2.0 m。

2 号堰体采用 C20 砌块石,置于砂卵石层,建基面高程为 330.0 m,底宽 4.0 m。拦河堰上游设置土工膜铺盖,长 4.5 m,从下至上依次为粗砂支撑层(150 mm 厚)、复合土工膜(300 g/m²)、粗砂保护层(150 mm 厚)和干砌块石(300 mm 厚)。下游侧设置消力池,消力池长 4.0 m,深 0.5 m,采用 C20 砼砌块石(400 mm 厚)砌筑,消力池下部设置碎石反滤层和土工布。

4 号堰体布置于完整基岩上,顶宽 0.5 m,采用 C20 砌块石。置于砂卵石层,建基面高程为 322.5 m,底宽 4.0 m。拦河堰上游设置土工膜铺盖,长 4.5 m,从下至上依次为粗砂支撑层(150 mm 厚)、复合土工膜(300 g/m²)、粗砂保护层(150 mm 厚)和干砌块石(300 mm 厚)。下游侧设置消力池,消力池长 4.0 m,深 0.5 m,采用 C20 砼砌块石(400 mm 厚)砌筑,消力池下部设置碎石反滤层和土工布。

8.安全监测

(1)监测目的

安全监测以监测各类建筑物在施工期和运行期的安全为主要目的,同时兼顾验证设计、指导施工、调控运行的需要。

首先,通过对各类建筑物整体状态全过程的持续监测,采集相关数据,及时进行分析处理,对建筑物的稳定性、安全度作出评价,及时发现各效应量异常现象和可能危及建筑物的不安全因素,为有关部门的处理决策提供参考依据。其次,通过建筑物在各阶段的运行情况及安全监测提供的有效数据,检验设计方案及施工质量是否满足设计要求,从而改进和完善施工方法和措施,优化和完善设计,同时为工程的运行提供指导,以达到优化设计、指导施工、调控运行的目的,确保工程全生命周期的安全稳定。

（2）监测原则

根据工程地质条件及结构特点，以及相关规范要求，以监测堤岸的安全为主，并兼顾验证设计和指导施工的需要，力求少而精，并使各种监测手段能相互验证。

① 仪器观测和人工巡视检查相结合，缺一不可；

② 监测断面（部位）应选择在堤防有代表性的部位，能够反映建筑物的工作状况；

③ 注重施工期监测与永久性监测相结合；

④ 仪器选型在满足精度要求的同时，应可靠、耐久、实用、经济；

⑤ 能及时、准确获取安全性态资料、正确分析和评价建筑物安全性态，及时发现安全问题，消除工程隐患，确保安全。

安全监测设计依据及主要技术规范如下：

①《岸坡工程安全监测技术规程》（SL/T 794—2020）；

②《堤防工程设计规范》（GB 50286—2013）；

③《水利水电工程安全监测设计规范》（SL 725—2016）；

④《水利水电工程测量规范》（SL 197—2013）；

⑤《国家一、二等水准测量规范》（GB/T 12897—2006）。

（3）监测措施

a. 巡视检查

本工程巡视检查以人工巡查为主，分为经常检查、定期检查及特别检查。具体方法与要求参照《岸坡工程安全监测技术规程》（SL/T 794—2020）中相关规定来执行。结合本工程实际情况巡视检查项目及内容如下：

经常检查：

① 堤身外观检查

·堤顶是否坚实平整，堤肩线是否顺直；有无凹陷、起伏、裂缝、残缺、积水，相邻两堤段之间有无错动，是否存在硬化堤顶与土堤或垫层脱离现象。

·堤坡：是否平顺，有无雨淋沟、滑坡、裂缝、塌坑、洞穴，有无杂物垃圾堆放，有无白蚁、灌、狐等害堤动物洞穴或活动痕迹，有无渗水；排水沟是否完好、顺畅，排水孔是否顺畅，渗漏水量、水质有无变化等。

·堤脚：有无隆起、下沉，有无冲刷、残缺、洞穴等。

·混凝土：有无溶蚀、侵蚀、冻害、裂缝、破损等。

·砌石：是否平整、完好、紧密，有无松动、塌陷、脱落、风化、架空等。

② 护堤地和岸坡工程保护范围检查

背水堤脚以外有无管涌、渗水等，有无可能影响堤防安全的涉河建筑或管线施工等，有无可能危害堤防安全的取土、建窑、倾倒和排放污染物等活动。

③ 堤岸防护工程检查

·坡式护岸：坡面是否平整、完好，砌体有无松动、塌陷、脱落、架空、垫层淘刷等现象，护坡上有无杂草、杂树和杂物等；浆砌石护坡变形缝和止水是否正常完好，坡面是否发生局部侵蚀剥落、裂缝或破碎老化，排水孔是否顺畅。

·墙式护岸：浆砌石墙体变形缝内填料有无流失，坡面是否发生侵蚀剥落、裂缝或破碎、老化,排水孔是否顺畅。

·护脚:护脚体表面有无凹陷、明塌,护脚平台及坡面是否平顺,护脚有无冲动流失。

·河势有无较大改变,滩岸有无坍塌。

④ 岸坡工程管理设施检查

·观测(监测)设施检查:各种观测(监测)设施是否完好,能否正常观测(监测);观测(监测)设施及其周围有无动物巢穴。

·交通设施检查:岸坡工程交通道路的路面是否平整、坚实,是否符合有关标准要求;岸坡工程道路上有无打场、晒粮等占道现象;堤顶道路交通卡等管护措施是否完好;堤顶交通道路所设置的照明等安全、管理设施及路口所设置的安全标志是否完好。

定期检查:

① 汛前检查

·堤身断面及堤顶高程是否符合设计要求,堤身内部有无隐患,外部有无冲沟、洞穴、裂缝、陷坑、堤身残缺,以及有无影响防汛安全的违章建筑等。

·重要堤段、穿堤建筑物与堤防接合部,新建、改建和除险加固而未经洪水考验的堤段,及其他可能出现险情的堤段。对观测、监测设施的有效性和完整性应重点检查。

·堤岸防护工程应通过查勘河势,预估偎水着流部位,检查护脚、护坡完整情况以及历次检查发现问题的处理情况。

② 汛期检查:应按防汛指挥机构所规定的巡堤查险内容和要求进行。

③ 汛后检查:应检查堤身损坏情况、险情记录和洪水水印标记管护及施测情况,检查观测设施有无损坏,检查堤岸防护工程有无发生沉陷、滑坡、崩塌、块石松动、护脚走失等情况。

特别检查:

① 事前检查:在大洪水、大暴雨、台风、暴潮到来前,应检查防洪、防雨、防台风、防暴潮准备工作和岸坡工程存在的问题,以及可能出现的部位和应急预案。

② 事后检查:应检查大洪水、大暴雨、台风、暴潮、地震等工程非常运用及发生重大事故后岸坡工程及附属设施的损坏情况,并应检查防汛抢险物资及设备动用情况,核查最高潮(洪)水位记录。

b. 环境量监测

水位观测采用水位尺进行观测,结合工程治理分段,治理河段每 500 m 设置一个,设在护岸迎水面处,共设置 4 个水尺。水位观测应按照《水位观测标准》(GB/T 50138—2010)的有关规定执行。工程附近有水磨滩雨量站,降水量观测直接采用水磨滩雨量站观测资料。

(4)监测频次

a. 巡视检查频次

巡视检查分为经常检查、定期检查及特别检查。

① 经常检查主要指外观检查,并应符合下列规定:

·护堤人员应对所管堤段每 1～3 天巡查 1 次。

·岸坡工程的基层管理组织(班、组、站、段)应每 10 天左右巡查 1 次。

·岸坡工程的管理单位应每 1～2 个月组织巡查 1 次。

·具体检查频次应根据堤防的重要性、所处位置及其运行状态等因素综合确定,汛期应根据汛情增加检查次数。

② 定期检查分为汛前检查、汛期检查、汛后检查等,并应符合下列规定:

· 汛前、汛后宜进行 1 次岸坡工程检查,遇特殊情况应增加检查次数。

· 当汛期洪水漫滩、偎堤或达到警戒水位时,应加强对工程的巡视检查。

· 特别检查,应在发生大洪水、大暴雨、台风、热带风暴、地震以及出现封河、开河等工程非常运用情况和发生重大事故后,及时进行。

③ 环境量监测频次

本工程环境量监测主要为水位监测,水位监测的频次要满足堤防安全性态分析判断及防汛工作的需要,并不少于 1 次/月。对于高风险堤段遇高水位等不利工况应增加监测频次,数据采集间隔不宜大于 1 h。

④ 监测资料整理及分析

监测资料整编的范围应包括本工程巡视检查及常规监测等获得的资料。监测资料除了在计算机磁、光载体内储存外,监测资料的原始记录、图表等全部资料整编、分析成果应建档保存,并应按分级管理制度报送有关部门备案。

数据采集完成后,应及时检查、检验原始记录的准确性、可靠性及完整性,对于测量因素产生的异常值应进行处理。监测资料整编应包括监测资料统计、有关图表绘制、数据初步分析等。监测资料整理整编后应编写年度整编报告,并及时归档。堤防安全评价时,应进行长序列监测资料整编与分析评价。

（5）主要工程量

安全监测设施主要工程量见表 4.8。

表 4.8　安全监测主要工程量表

序号	项目名称	单位	数量	备注
1	水位监测	—	—	
1.1	水尺	组	9	
2	巡视检查	项	1	按 1 年工期算
3	资料整理及分析	项	1	
4	观测及维护费	项	1	—

4.5.2　植被修复工程

根据所在区域流域规划,建立"一轴两岸四带多节点"的景观布局结构,连接生态河岸与山水绿城,控制和保护敏感生态要素,提升河流及库区的生态承载力。打造以水为依托,平衡生态与发展,协调"水、绿、城"的关系,实现蓝绿交织、水城共荣的上桥河流域生态修复及治理的目标。结合岸坡整治和河道两侧生态治理,沿河流左右岸两侧一定范围进行生态修复及植被修复。

1. 设计依据

（1）《建筑场地园林景观设计深度及图样》国家建筑标准设计图集（06SJ805）;

（2）《环境景观绿化种植设计》(03J 012—2)；

（3）《城市绿化工程施工及验收规范》(CJJ 82—2012)；

（4）《城市绿化和园林绿地用植物材料（木本苗）》(CJ/T 34—91)；

（5）《园林绿化工程施工及验收规范》CJJ 82—2012。

2. 设计内容

本次设计起点（桩号 K0＋000），终点（桩号 K4＋300），总长度为 4300 m，植被修复设计面积为 113960.00 m²。植被修复以营造结构完善，功能齐全的水生植物群落为目的，以期形成较为复杂的水下空间形态，并为各类水生生物提供可栖息、繁殖的物理结构支撑。常水位以上区域结合基地土壤、气候条件，主要选用黄葛树、枫杨、美国红枫、水杉、乌桕等树种（表4.9和表4.10）。

表4.9　树种选择表

序号	名称	规　格				数量（株）	备　　注
		胸径/地径(cm)	高度(cm)	冠幅(cm)	分枝点(m)		
1	水杉	15	1100～1200	250～300	—	181	精品苗,树形优美
2	山杏	18	400～450	350～400	0.8～1	90	容器苗,全冠,树形优美
3	西府海棠	18	400～450	350～400	0.8～1	77	容器苗,全冠,树形优美
4	黄葛树	35～40	800～900	≥500	—	13	3～5分枝,分枝点<2 m,每分枝干径≥8 cm
5	乌桕	35～40	800～900	≥500	—	13	3～5分枝,分枝点<2 m,每分枝干径≥8 cm
5B	歪脖子乌桕	25～30	700～800	≥400	—	6	偏冠歪脖子造型乌桕,分枝点<2 m,
6	垂柳	18	400～450	350～400	1.2～1.5	40	容器苗,全冠,树形优美
7	落羽杉	12	1000～1100	200～250	—	114	精品苗,树形优美
8	枫杨	20	450～500	350～400	—	17	容器苗,全冠,树形优美
9	美国红枫	22	900～1000	350～400	2～2.5	19	精品苗,树形优美
10	枇杷	15	350～400	350～300	0.8～1	45	容器苗,全冠,树形优美
11	鸡爪槭	15	350～400	350～300	0.8～1	23	容器苗,全冠,树形优美
12	五角枫	30～40	800～900	≥500	—	11	3～5分枝,分枝点<2 m,每分枝干径≥6 cm

表 4.10　灌木地被层植物明细表

序号	名称	规格(修剪后规格)		栽植密度	数量	单位	备　注
		高度(cm)	冠幅(cm)				
1	火星花	50～60	30～40	36 株/m²	1734	m²	盆苗,长势正常,无病虫害,密栽不露土
2	再力花	60～80	30～40	24 株/m²	1252	m²	盆苗,长势正常,无病虫害,密栽不露土
3	粉花美人蕉	60～80	30～40	24 株/m²	2357	m²	盆苗,长势正常,无病虫害,密栽不露土
4	红花酢浆草	25～30	20～25	81 株/m²	8062	m²	长势正常,无病虫害,密栽不露土
5	黄菖蒲	60～80	30～40	24 株/m²	1030	m²	盆苗,长势正常,无病虫害,密栽不露土
6	千屈菜	40～50	30～40	36 株/m²	1700	m²	盆苗,长势正常,无病虫害,密栽不露土
7	德国鸢尾	40～50	30～40	36 株/m²	2456	m²	盆苗,长势正常,无病虫害,密栽不露土
8	翠芦莉	40～50	30～40	49 株/m²	1292	m²	盆苗,长势正常,无病虫害,密栽不露土
9	小兔子狼尾草	50～60	20～25	25 盆/m²	3993	m²	盆苗,长势正常,无病虫害,密栽不露土
10	细叶芒	120～150	100～120	2 株/m²	2350	m²	盆苗,长势正常,无病虫害,密栽不露土
11	花叶芦竹	150～200	150～200	1 株/m²	1140	m²	盆苗,长势正常,无病虫害,密栽不露土
12	紫花地丁	25～30	20～25	81 株/m²	3447	m²	长势正常,无病虫害,密栽不露土
13	黑心菊	25～30	20～25	64 株/m²	4832	m²	盆苗,长势正常,无病虫害,密栽不露土
14	芦苇	60～80	30～40	36 盆/m²	5285	m²	1 加仑(1 加仑＝3.79 L)容器苗,30 芽/盆
15	细叶麦冬	—	—	6 斤/m²	3341	m²	
16	移栽灌木地被	—	—	—	10000	m²	暂估量,按实计算
17	种植土	—	—	—	12000	m³	按每平米更换 30 cm 种植土通算

4.5.3　检修养护道、休息平台等工程设计

1．设计依据

(1)《建设工程勘察设计合同》;

(2)国家及地方设计规范规程、标准;

(3)《民用建筑设计统一标准》(GB 50352—2019);

(4)《城乡建设用地竖向规划规范》(CJJ 83—2016);

(5)《无障碍设计规范》(GB 55019—2021);

(6)《总图制图标准》(GB/T 50103—2010);

(7)《城市绿地设计规范》(GB 50420—2007)补充(2016 年版);

(8)《建筑室外环境透水铺装设计标准》(DBJ 50/T—247—2016);

(9)《重庆市建筑护栏技术规程》(DBJ 50—123—2010);

(10)《城镇道路路面设计规范》(CJJ 169—2012)。

2．设计理念

以"安全、环保、舒适、和谐"为本项目总体目标,贯彻"六个坚持、六个树立"的新理念,力争把工程建设成"安全畅通、贴近自然、资源节约、兼顾发展"的绿色滨河水岸。

(1)坚持"以人为本",树立安全至上的理念。

建设"以人为本"的服务设施系统,适应城区环境建设的需求,重视绿化设计,使道路布局、绿化与今后规划建筑总体和谐、布置美观。

(2)坚持质量第一,树立公众满意的理念。

(3)坚持人与自然相和谐,树立尊重自然、保护环境的理念。

(4)坚持系统论的思想,树立全寿命周期成本的理念。

(5)坚持合理选用技术指标,树立设计创作的理念。

(6)坚持可持续发展,树立节约资源的理念。

3．设计内容

(1)一级检修养护道、二级检修养护道

一级检修养护道:高程在 322～417 m,宽 3 m,面层材料为透水混凝土,步道长度为3020 m,面积共 9060 m²。步道设置向河侧 1.0% 的横坡,利于坡面排水。总厚度为 37 cm,由上至下依次为:

①4 cm 厚砼彩色透水砼;

②150 mm 厚10 粒径 C25 强固透水砼素色层;

③30 mm 厚砂垫层;

④150 mm 厚级配碎石垫层碾压;

⑤素土碾压密实,压实系数不小于 93%。

二级检修养护道:高程在 322～278 m,宽 2 m,面层材料为虎皮石板。步道长 1280 m,面积共 2560 m²。步道设置向河侧 1.0% 的横坡,利于坡面排水。总厚度为 38 cm,由上至下依次为:

①50 mm 厚黄色虎皮石板冰纹碎片;

② 30 mm 厚 1∶1 黄土粗砂；

③ 300 mm 厚级配碎砾石；

④ 素土碾压密实,压实系数不小于 93%。

（2）休闲平台设计

休闲平台高程为 303～323 m,面积为 550.00 ㎡,透水砼铺地,厚度 37 cm 由上至下依次为：

① 4 cm 厚砼彩色透水砼；

② 150 mm 厚 10 粒径 C25 强固透水砼素色层；

③ 30 mm 厚砂垫层；

④ 150 mm 厚级配碎石垫层碾压；

⑤ 素土碾压密实,压实系数不小于 93%。

（3）检修道边沟

隐形砖砌边沟宽 610 m,深 250～450 m,做法由上至下依次为：

① 种植土 200 mm 厚；

② 30 mm 厚砂；

③ 600 mm×400 mm 成品复合材料排水笾用土工布包裹；

④ 20 mm 厚 1∶3 防水水泥砂浆抹面；

⑤ M5 水泥砂浆砌 MU10 砖；

⑥ C20 砼垫层；

⑦ 素土碾压密实,压实系数不小于 93%。

（4）检修道两侧环境挡墙

环境挡墙 1 和环境挡墙 2 采用国家建筑标准设计图集 17J008 中重力式环境挡墙,环境挡墙填料摩擦角为 30°,基底摩擦系数为 0.30,墙顶地面荷载 30 kPa,挡墙材料采用 C25 砼。

（5）防护栏杆

检修道防护栏杆采用钢栏杆,做法采用国家标准图集（15J 403—1 D78 PD7）,高度为 1.1 m,表面黑色氟碳漆两遍。防护栏杆安全等级为二级,合理使用年限 10 年。

（6）配套设施

主要包含解说牌、健康运动设施、休憩小品、垃圾桶等。

4．主要工程量

主要工程量表如表 4.11 所示。

表 4.11　主要工程量表

检修养护道、休闲平台及服务设施工程量表			
序号	名　　称	单位	数量
1	3 m 宽一级检修养护道	m	3020
2	2 m 宽二级步道	m	1280
3	休闲平台	㎡	550
配套设施主要工程量表			
4	休息坐凳	个	35
5	分类垃圾桶	个	40

4.5.4　给排水修复工程

1．设计依据

(1)《建筑给排水设计标准》(GB 50015—2019);

(2)《建筑设计防火规范》(GB 50016—2014)(2018 年版);

(3)《室外给水设计标准》(GB 50013—2018);

(4)《室外排水设计标准》(GB 50014—2021)。

(5) 建设单位提供的相关资料。

2．设计内容

(1) 给水系统

① 给水系统由市政管道直接供水。

② 给水设置给水管道供绿化用水,给水管道沿道路敷设,浇灌方式由建设方以后决定。

③ 本工程绿化用水设总水表计量。

④ 管材:管道均采用 PE 管,压力等级 1.25 MPa,热熔连接。

⑤ 用水量计算

本工程设计最高日用水量为 454.16 m³/d,最高日最大时用水量为 72.82 m³/h。

本工程绿地雨水通过排水暗沟收集,排水暗沟为砖砌体,断面尺寸为 250 mm×300 mm×600 mm,绿地内雨水通过排水沟收集后统一排入河中。

3．主要工程量

给排水工程量表如表 4.12 所示。

表 4.12　给排水工程量表

序号	名　　称	单位	数量
1	PE 给水管 DN100	m	300
2	PE 给水管 DN80	m	3758
3	水表组 DN100	座	2
4	水表组 DN80	座	1
5	阀门井 DN80	座	7

4.5.5　电气工程设计

1．设计依据

(1) 相关专业提供给本专业的工程设计资料。

(2) 本工程采用的主要标准及法规如下:

①《民用建筑电气设计标准》(GB 51348—2019);

②《建筑照明设计标准》(GB 50034—2013);

③《建筑物防雷设计规范》(GB 50057—2010);

④《供配电系统设计规范》(GB 50052—2009);

⑤《低压配电设计规范》(GB 50054—2011);

⑥《电力工程电缆设计规范》(GB 50217—2018);

⑦《公共建筑节能设计标准》(GB 50189—2015);

⑧《建筑设计防火规范》(GB 50016—2014)(2018 年版);

⑨《建筑物电子信息系统防雷技术规范》(GB 50343—2012);

⑩《综合布线系统工程设计规范》(GB 50311—2016)。

2. 设计内容

(1) 供、配电系统

① 负荷等级

本工程设计负荷为三级负荷。

② 用电负荷计算

室外景观照明暂估 100 kW。

③ 供电电源

由建设单位在附近市政电网低压侧接入。

(2) 防雷及接地

① 为防止二次雷灾造成的损失,本工程设置电涌保护装置。

② 本系统采用 TN-S 接地系统,配电箱进线需做重复接地,接地电阻不大于 4 Ω,若实测不满足要求,应补打接地极,接地做法参照标准图集《接地装置安装》(14D504)。

③ 所有电气设备金属外壳及非带电体金属部分、PE 线、铠装电缆外皮均通过接地线与重复接地可靠联结,形成电气通路。室外分支线路应装设剩余电流动作保护器。

(3) 电力电缆

① 直埋敷设的电缆与铁路、公路或街道交叉时,应穿热镀锌钢管保护,保护范围应超出路基、街道路面两边以及排水沟边 0.5 m 以上,电缆与电缆、管道、道路、构筑物等之间的容许最小距离,应符合《电力工程电缆设计规范》(GB 50217—2007)中表 5.3.5 的规定。直埋敷设于非冻土地区时,电缆外皮至地面深度,不得小于 0.7 m;当位于行车道或耕地下时,应适当加深,且不宜小于 1.0 m。直埋敷设于冻土地区时,宜埋入冻土层以下,当无法深埋时可埋设在土壤排水性好的干燥冻土层或回填土中,也可采取其他防止电缆受到损伤的措施。

② 电缆敷设其弯曲径最小不得小于电缆外径的 15 倍,外观应无损伤,在灯具两侧预留量不应小于 0.5 m。电缆与建筑物平行敷设时,电缆应埋设在建筑物的散水坡,具体做法参见图集《110 kV 及以下电缆敷设》(12D101—5);电缆引入建筑物时,其保护管应超出建筑物散水坡 100 mm,具体做法参见图集《110 kV 及以下电缆敷设》(12D101—5)。

③ 明敷于潮湿场所或埋地敷设的金属导管,应采用管壁厚度不小于 2.0 mm 的钢导管。明敷或暗敷于干燥场所的金属导管宜采用管壁厚度不小于 1.5 mm 的电线管。

3. 主要工程量

电力工程量表如表 4.13 所示。

表 4.13　电力工程量表

序号	名　称　规　格	单位	数量
1	电缆保护管 PVC-C∅100	m	12876
2	电缆保护管 JBB—100/5	m	100
3	手孔井 400 mm×400 mm	座	101
4	手孔井 600 mm×600 mm	座	12

4.5.6　水土保持工程

本工程水土保持方案书已由业主委托具有相应资质的设计单位进行编制中,本报告只对主要原则及措施进行简要介绍,水土保持措施费用作为暂列费用列入工程建设其他费,实际费用及具体内容以专项方案为准。

1. 防治原则

(1) 遵从"谁开发利用谁保护,谁治理谁受益,谁造成水土流失、谁负责治理和赔偿损失"的原则。

(2) 水土保持措施设计与主体工程设计相结合的原则。

(3) 重点防治和综合防治相结合的原则。

(4) 坚持以生态效益和社会效益为主、注重提高经济效益的原则。

2. 防治目标

根据开发建设项目水土保持技术规范(GB 50433—2008)和《开发建设项目水土保持设施验收管理办法》(水利部〔2002〕16 号令)的要求,结合工程建设区的地形地貌、土壤植被及水土流失特点等,合理布设水土保持防治措施,使项目建设区的原有水土流失得到治理,新增水土流失得到有效控制,防治责任范围内的生态得到最大限度的保护,环境得到明显改善。

3. 项目区水土流失及防治现状

该区辖区面积为 2941 km²,无明显流失面积为 1785.15 km²,占辖区面积的 60.70%。水土流失总面积为 1155.85 km²,占辖区面积的 39.30%,其中:① 轻度流失面积为 917.64 km²,占流失面积的 79.40%;② 中度流失面积为 171.90 km²,占流失面积的 14.87%;③ 强烈流失面积为 61.76 km²,占流失面积的 5.34%;④ 极强烈流失面积为 3.87 km²,占流失面积的 0.33%;⑤ 剧烈流失面积为 0.68 km²,占流失面积的 0.06%。

该区历届区委、区政府一直对水土保持生态环境建设工作十分重视,开展了大量水土保持防治工作,取得了一定成效。一方面积极争取资金开展以小流域为单元的山、水、田、林、路综合治理,另一方面狠抓预防监督工作,通过查处大案要案和落实水土保持方案"三同时"制度,使行政执法逐步走向规范化、制度化和程序化,有效地防治了开发建设项目所产生的新的人为水土流失。据《某直辖市城市水土保持生态环境建设规划》和《某直辖市某区新城迁扩建工程水土保持方案报告书》,绝大部分开发建设项目在建设过程中均采取了拦挡、护坡、绿化、修建排水沟等水土保持措施,取得了较好成效。

根据以往数据及现场调查询问来看,流域内整体水土流失情况不严重,水土流失主要集中在汛期,河流流量较大的时候冲刷两岸导致的水土流失以及施工营地建设和项目施工过程中临时堆土导致的水土流失。

4. 水土流失防治责任范围及分区和保持措施

按照水土流失防治责任范围,结合项目建设区地质地貌条件、水土流失特征,对各分区提出水土保持措施的总体布局,制定防治措施体系,防治措施详见表4.14。

表4.14　水土流失防治措施体系表

名　称	分　区	防　治　措　施
水土流失防治体系	主题工程防治区	彩条布临时覆盖、临时拦挡
	料场防治区	表土剥离及回覆、土地整治、临时排水沟、沉砂池、播撒草籽
	临时工程生活区	表土剥离及回覆、彩条布临时覆盖、临时拦挡、临时排水沟、土地整治、播撒草籽

5. 主体工程防治区

该区域占地主要为永久占地。主体工程区的水土流失主要时段在工程施工期,基础开挖面以及工程建设过程中散落废弃的建筑材料、土石渣料等因在工程施工期受洪水和雨水的冲刷产生水土流失,主体工程已从安全角度出发,设计了相应的工程和植物措施,这些措施基本满足水土保持要求。

本次主体工程防治区措施如下:

(1)临时措施

① 临时苫盖

针对施工过程中可能存在区段挖方堆存和开挖土质裸露面的情况,需要加强临时防护,防止土方流失,如土方在夜间的临时存放、降雨过程中的临时防护等,初步计划采用彩条布遮盖。根据线型工程施工性质,彩条布可重复利用。

② 临时拦挡

堤防护岸开挖土方临时堆放在区域内,在其周边布设编织土袋挡墙进行临时拦挡。编织袋利用开挖料进行填筑,并错位砌筑,按"品"字形紧密排列。

6. 料场防治区

施工道路防治区水土保持措施主要有:

(1)工程措施

① 表土剥离

在工程开挖前期,方案设计对工程区开挖部分占用的林地进行表土剥离,林地表土剥离厚度按$0.15\sim0.25$ m确定,本工程取0.2 m(剥离面积约为0.24 hm^2),共剥离表土0.05×10^4 m^3。剥离表土堆放在施工生产生活区平缓地带,与开挖的深层土分开堆放,并做好临时覆盖等防护措施。施工完毕后,方案设计对临时占用的林地进行恢复原地貌,将剥离表土进行回覆。

② 土地整治及表土回覆

施工完毕后,方案设计对临时占用的林地进行恢复原地貌,然后进行土地整治。土地整治的具体内容包括清除施工扰动区内的弃渣、弃石，填平坑凹，局部地面平整，压实土松翻等。

（2）植物措施

土地整治后，对临时施工道路区撒播草籽。草籽撒播量为 50 kg/hm²。

（3）临时措施

① 临时排水沟

工程施工期间，施工道路防治区外设排水沟。排水沟顺接沉砂池，然后接入自然河道。排水沟采用梯形断面，底宽 0.3 m，深 0.3 m，开挖边坡比为 1：0.5。

② 沉砂池

在排水沟出口布置浆砌石临时沉砂池，沉沙池尺寸为（长宽深）1.5 m×1.0 m×1.0 m，池壁采用 M7.5 浆砌砖砌筑，C20 砼浇筑底板，边墙砌筑厚度为 0.18 m，底板厚度为 0.20 m。

7. 临时工程防治区

该区域主要水土保持措施如下：

（1）工程措施

① 表土剥离

施工前，对施工生产生活区进行表土剥离，草地表土剥离厚度按 0.15～0.25 m 确定，耕地表土剥离厚度按 0.25～0.35 m 确定，林地表土剥离厚度按 0.15～0.25 m 确定。剥离的表土就近堆存于生产区占地内，用于工程完工后覆土。

② 土地整治及表土回覆

施工完毕后，方案设计对临时占用的耕地和林地进行恢复原地貌，然后进行土地整治。土地整治的具体内容包括清除施工扰动区内的弃渣、弃石，填平坑凹，局部地面平整，压实土松翻等。

（2）植物措施

土地整治后，对施工生产生活区播草籽。草籽撒播量为 50 kg/hm²。

（3）临时措施

① 临时苫盖

工程施工期间各防治分区所剥离的表土均运送至场区内进行堆放，对剥离的表土采用彩条布进行临时覆盖，防止降雨期间产生水土流失。

② 临时拦挡

在区域内临时堆放土周边布设编织土袋挡墙进行临时拦挡。编织袋利用开挖料进行填筑，并错位砌筑，按"品"字形紧密排列。

③ 临时排水沟

为减少施工期水土流失，在施工生产生活区周围布置临时排水沟。排水沟采用梯形断面，底宽 0.3 m，深 0.3 m，开挖边坡比为 1：0.5。

4.6　效　益　分　析

4.6.1　生态效益

生态修复及治理后,生态环境及水环境得到改善,提高了项目区内生态稳定性和生物多样性,也为周边居民提供了一个供娱乐休闲以及接近自然的良好场所,为周围街道公共服务设施基础建设节省了资金。

4.6.2　经济效益

本次项目为公益性项目,无直接经济收益,经济效益计算主要考虑间接的防洪效益和生态修复效益,社会效益仅作定性分析,固定资产余值及流动资金的回收也计入项目效益。

本项目建设完成后,可提高河道堤防保护区防洪能力,减少保护区因洪灾造成的人员、经济损失。防洪效益按该项目可减免的洪灾损失计算,洪灾损失包括人员伤亡损失;城乡房屋、设施和物资损坏造成的损失;工矿停产,商业停业,交通、电力、通信中断等造成的损失;农、林、牧、副、渔各业减产造成的损失;防汛、抢险、救灾等费用支出等。

4.6.3　社会效益

通过工程的实施,把河道建设成为具有休闲、嬉戏及运动等功能于一体的生态走廊,为城乡人民提供一个充满生机的亲水平台,丰富人民的文化生活,满足人民群众不断提高的精神需求,对促进地方经济可持续发展和社会安定和谐具有重要意义。通过工程建设,有利于发挥项目所在区域的城区优势,推进经济结构、社会结构、城市功能结构和生态环境面貌的转换和现代化建设,维持正常的社会发展和经济可持续发展,为社会繁荣和谐和现代化建设创造良好环境。

4.7　拓　展　阅　读

（选自《重庆市水生态环境保护"十四五"规划（2021—2025 年）》
第四章　巩固深化水环境治理）

坚持方向不变、力度不减,深入打好碧水保卫战。以入河排污口排查整治为抓手,统筹源头防控和末端治理,巩固深化工业、生活、农业农村、船舶污染整治,有效控制污染物排放总量,推动全市水生态环境质量再上新台阶。

1. 开展入河排污口排查整治

分类并建立入河排污口台账。对照生态环境部移交的入河排污口清单,开展入河排污口分类,明确责任主体,建立责任清单,完成入河排污口命名和编码并建立台账。开展入河排污口标志牌设置,到2021年全面完成排污口标志牌设置。

分类推进入河排污口整治。到2022年,相关区县完成入河排污口排查整治工作方案制定,明确整治目标、要求和时限,并根据入河排污口分类和"查、测、溯"情况,按照"依法取缔一批、清理合并一批、规范整治一批"的要求,研究制定和落实"一口一策"整治方案。对违反法律法规规定,在饮用水水源保护区、自然保护地及其他需要特殊区域内设置的排污口,依法采取责令拆除、责令关闭等措施予以取缔;实施城镇、工业集聚区污水集中处理设施和工业企业现有排污口清理整合,开展生活污水排污口截污纳管;调整布局不合理排污口,更新维护设施老化破损、排水不畅的排污口。建立排污口整治销号制度,形成需要保留的排污口清单,开展日常监督管理。到2023年,基本完成长江、嘉陵江、乌江干流排污口的整治,完成全市所有排污口排查;到2025年,基本完成长江重要支流排污口整治,并建立长效机制。

加强入河排污口监督管理。强化排污口分区管理,规范排污口设置审批;加强入河排污口环境执法,依法查处未经同意设置排污口或不按规定排污的行为,严厉查处私设暗管等逃避监管方式的违法行为;督促排污口责任主体落实责任,定期开展巡查维护。水质超标的水功能区,应当实施更严格的污染物排放总量削减要求;对未达到水质目标的水功能区,除污水集中处理设施排污口外,应当严格控制新设、改设或者扩大排污口。

2. 深化工业污染防治

推动落后产能依法退出。严格落实《关于利用综合标准依法依规推动落后产能退出的指导意见》,促进产业结构持续优化升级。全面落实《产业结构调整指导目录》中的淘汰和限制措施。依法依规推动落后产能退出,加大过剩产能压减力度。严格控制尿素、磷铵、电石、烧碱、聚氯乙烯、纯碱、黄磷等行业新增产能。推动重污染企业退出,继续推进城市建成区内现有钢铁、有色金属、造纸、印染、原料药制造、化工等污染较重的企业有序搬迁改造或依法关闭。持续开展专项行动集中整治"散乱污"企业,分类实施关停取缔、整合搬迁、整改提升等措施。

严格生态环境准入。严格落实长江经济带战略环评,建立完善生态环境分区管控体系,加快"三线一单"落地应用,严守生态保护红线、环境质量底线、资源利用上线,落实生态环境准入清单。强化规划环评引领,明确区域产业布局、发展规模和环境准入等要求,对不符合规划环评结论和审查意见的建设项目依法不予审批,防止结构性环境问题。结合水资源、水环境承载能力,动态更新和调整负面清单内容。

推进工业企业绿色升级。全面推行"生态+""+生态"发展新模式,推动传统产业绿色转型升级,构建以产业生态化和生态产业化为主体的生态经济体系。培育壮大节能、节水、环保和资源综合利用产业,全面推进焦化、有色、石化、化工、电镀、制革、石油开采、造纸、印染、农副食品加工等行业清洁生产改造或清洁化改造,继续推动重庆经济技术开发区建设国家绿色产业示范基地。全面推行清洁生产,依法对"双超双有高耗能"行业实施强制性清洁生产审核。大力发展再制造产业,加强再制造产品认证与推广应用。持续推动页岩气全产业链集群式发展,将重庆建成全国页岩气勘探开发、综合利用、装备制造和生态环境保护综合示范区。

提升产业园区和产业集群循环化水平。科学编制新建产业园区开发建设规划,依法依规开展规划环境影响评价,严格准入标准,完善循环产业链条,推动形成产业循环耦合。推进既有产业园区和产业集群循环化改造,推动公共设施共建共享、能源梯级利用、资源循环利用和污染物集中安全处置等,继续推进生态工业示范园区建设。鼓励化工等产业园区配套建设危险废物集中贮存、预处理和处置设施。推进企业内部工业用水循环利用、园区内企业间用水系统集成优化。推动主城新区缺水地区将市政再生水作为园区工业用水的重要来源。开展火电、石化、有色金属、造纸、印染等高耗水行业工业废水循环利用示范。

完善工业园区污水集中处理设施。落实工业园区、工业集聚区管理主体责任,开展工业园区、工业集聚区污水集中处理设施建设及配套污水管网排查整治。加快实施园区管网混接改造、管网更新、破损修复改造,推动园区生产废水应纳尽纳。完成九龙园区 B3 区等 10 座工业园区、工业集聚区污水集中处理设施建设,新增污水处理能力 6 万吨/日;完成大足区智伦电镀园区、万盛经开区煤电化园区、忠县生态工业园区、涪陵区白涛工业园区、江津区先锋中小企业基地 5 个污水集中处理设施改造升级;完成綦江工业园区、梁平工业园区排水管网建设。所有新建工业园区、工业集聚区按要求建设污水集中处理设施,鼓励有条件的园区实施化工企业废水"一企一管、明管输送、实时监控"。

推进流域污染源排放量管理。规范排污许可证核发与日常监管,严格落实企事业单位按证排污、自行监测、台账编制和定期报告责任,按照"谁核发、谁监管"的原则,依证严格开展监管执法,严厉查处违法排污行为。到 2025 年,排污许可证环境管理台账、自行监测和执行报告数据基本实现完整、可信,能够支撑流域污染源排放量管理。

3. 深化城镇生活污染防治

补齐城镇污水收集管网短板。在全市范围内开展城市建成区管网现状调查,全面摸清管网底数,到 2025 年建成全市生活污水管网普查数据库。对现有截留制排水管网实施雨污分流改造,针对无法彻底雨污分流的老城区,尊重现实合理保留截留制区域,提高截留倍数;对新建的排水管网,全部按照雨污分流模式实施建设。加快推进污水处理提质增效,对进水 BOD 浓度低于 100 mg/L 的城市污水处理厂实施"一厂一策"管网建设改造。制定《城市污水处理费征收使用管理办法》《重庆市城镇污水处理厂按效付费实施办法》,开展城市排水"厂网一体"管理机制改革试点,分步骤、分区域、分流域推动"厂网一体"项目先行先试。鼓励有条件的地区建设初期雨水调蓄池,推进渝北区、巴南区等 10 个海绵城市建设项目。到 2025 年,全市累计建设改造城镇污水管网 5500 km 以上,基本消除城市建成区生活污水直排口和收集处理设施空白区,城市生活污水集中处理率达到 98% 以上、集中收集率达到 73% 以上,乡镇生活污水集中处理率达到 85% 以上。

全面提高污水处理能力。统筹考虑新城、新区建设及污水直排、污水处理厂长期超负荷运行情况,加快推进城乡污水处理设施建设,到 2025 年,新增城市污水处理能力 120 万吨/天以上;综合采取强化日常运维管理、推进技术升级改造等措施,推进乡镇生活污水处理设施达标改造,到 2025 年,完成 268 座乡镇生活污水处理设施达标改造和 84 座乡镇生活污水处理设施提标改造。继续推进高速公路服务区污水治理设施建设,新建高速公路服务区应当同步建设污水治理设施。

提升生活污水处理厂出水标准。新建城市生活污水处理厂全部按照一级 A 标及以上排放标准设计、施工、验收,到 2025 年,全市城市污水处理厂出水水质均不低于一级 A 标排放标准;建制乡镇生活污水处理设施出水水质不得低于一级 B 标排放标准;梁滩河流域重点控制区域内日处理能力 1 万吨以上的污水处理厂执行《梁滩河流域城镇污水处理厂主要水污染物排放标准》;有条件的区域,推进尾水深度治理及资源化利用。

巩固城市黑臭水体治理成效。建立防止返黑返臭长效机制。加强巡河管理,及时发现解决水体漂浮物、沿岸垃圾、污水直排等问题,不得新增城市建成区黑臭水体。继续实施中心城区水体沿线管网建设、绿化建设等措施,巩固中心城区城市黑臭水体治理成效,推动实现城市水体长治久清。

4. 推进农业农村污染防治

持续推进农村环境整治。以农村生活污水治理、农村黑臭水体整治、农村饮用水水源地保护为主要内容,完成 1000 个行政村农村环境整治。建立绩效评估机制,组织开展"十三五"农村环境整治成效评估,对整治效果不理想的村社实施提质增效,确保"整治一个、见效一个"。

梯次推进农村生活污水治理。以饮用水水源保护区、自然保护区、风景名胜区等区域为优先区域,大力开展农村常住人口 200 户(或 500 人)的聚居点以及南山、歌乐山、四面山等旅游景区和乡村旅游集中区域周边农家乐、民宿污水的收集治理。加强农村污水处理设施运行监管,对运行负荷率低、不能稳定达标排放的开展工艺改造、完善排水管网,对超负荷运行的实施雨污分流改造、扩建扩容。到 2025 年,全市累计新建农村生活污水处理设施 350 座,新增农村生活污水管网 900 公里,实施农村生活污水处理设施技改 120 座,日处理规模 100 吨以上的农村集中式生活污水处理站出水水质不得低于一级 B 标排放标准,基本实现农村常住人口 200 户(或 500 人)聚居点设施全覆盖,农村生活污水治理率达到 40%。

统筹开展农村黑臭水体整治。全面开展农村黑臭水体排查,建立清单台账。以纳入国家监管的 80 条农村黑臭水体为重点,综合采取"控源截污、清淤疏浚、生态修复、基流调控"等措施,统筹推进农村生活污水、畜禽粪污、水产养殖污染、种植业面源污染治理和农村改厕工作,大力开展农村水系综合整治。到 2025 年,基本消除较大面积的农村黑臭水体。

加快农业绿色发展。以区县为单位,完善农业产业准入负面清单制度。鼓励发展生态种植、生态养殖,提高畜禽粪污综合利用水平,推进农作物秸秆综合利用,加强农膜污染治理,推进退化耕地综合治理。实施兽用抗菌药使用减量和产地环境净化行动。依法加强养殖水域滩涂统一规划,推行水产健康养殖。

防治畜禽养殖污染。优化调整畜禽养殖布局,促进养殖规模与资源环境相匹配,严格执行禁养区、限养区、适养区"三区"管理规定,缺水地区因地制宜发展节水养殖。加快发展种养有机结合的循环农业,依托种植业布局合理规划养殖场,大力推进"种养结合、生态还田"模式,构建种养循环发展机制。加快推进畜禽粪污综合利用和无害化处理设施建设,推进畜禽养殖场雨污分流、干湿分离改造,加强养殖场污染治理设施运行和粪污还田利用全过程监管。以生产农家肥或商品有机肥、沼液还田、肥水利用等综合利用方式为重点,鼓励和引导第三方企业将畜禽养殖场(户)粪污进行专业集中处理。到 2025 年,畜禽粪污综合利用率达到 80% 以上。

加强水产养殖污染专项治理。严格按照养殖水域滩涂规划划定的"三区"范围,合理布局养殖区域,科学确定养殖规模和养殖密度,依法关停禁养区内养殖场,在养殖区内新建、扩建水产专用养殖场(池)应配套建设养殖尾水治理设施。开展养殖场池塘尾水直排问题及治理情况摸底调查,督促制定并落实"一场(塘)一策"整改方案。梯次推进 30 亩以上专用池塘养殖场落实尾水治理措施,实现养殖尾水达标排放、循环使用或资源化利用;鼓励 30 亩以下水产养殖场采取种养结合的方式,促进废弃物等就近就地消纳利用。开展池塘"一改五化"生态养殖集成技术、池塘鱼菜共生、稻渔综合种养技术等生态养殖模式示范和推广,加强外来物种养殖监管。到 2022 年,完成 10770 万吨直排养殖尾水治理;到 2025 年实现养殖尾水有效治理。

加强农业种植污染防治。强化规模种植户技术指导,因地制宜推广配方施肥、有机无机配施、水肥一体化等化肥减量重点技术和抗病品种、绿色防控、专业化统防统治等农药减量重点技术,从源头控制农业种植污染。到 2025 年,主要农作物化肥农药利用率稳定在 43% 以上,化肥、农药使用总量较 2020 年保持零增长或负增长。探索推广蓄留冬水田、生态拦截沟等末端控制技术,净化农田退水及地表径流,在璧南河、龙溪河等重点流域开展蓄留冬水田促进生态修复试点。

4.8　参考标准和规范

《水利工程建设标准强制性条文》(2020 年版)

《水利水电工程初步设计报告编制规程》(SL/T 619—2021)

《防洪标准》(GB 50201—2014)

《水利水电工程等级划分及洪水标准》(SL 252—2017)

《河道整治设计规范》(GB 50707—2011)

《水工建筑物抗震设计标准》(GB 51247—2018)

《水工建筑物荷载标准》(GB/T 51394—2020)

《堤防工程设计规范》(GB 50286—2013)

《水工挡土墙设计规范》(SL 379—2007)

《水工混凝土结构设计规范》(SL 191—2008)

《建筑地基基础设计规范》(GB 50007—2011)

《水工建筑物地基处理设计规范》(SL/T 792—2020)

《水利水电工程合理使用年限及耐久性设计规范》(SL 654—2014)

《岸坡工程管理设计规范》(SL/T 171—2020)

《水利水电工程安全监测设计规范》(SL 725—2016)

《水利水电工程地质勘察规范》(GB 50487—2008)

《岸坡工程地质勘察规范》(SL 188—2005)

《水利水电工程设计工程量计算规定》(SL 328—2005)

《地表水环境质量标准》(GB 3838 2002)

《堤防工程设计规范》(GB 50286—2013)

《防波堤与护岸设计规范》(JTS 154—2018)

《河湖生态保护与修复规划导则》(SL 709—2015)

《河流采样技术指导》(HJ 52—1999)

《裸露坡面植被恢复技术规范》

《污水监测技术规范》(HJ 91.1—2019)